PLANCTOLOGIA
e a Produção de Alimento Vivo

RiMa

PLANCTOLOGIA
e a Produção de Alimento Vivo

Renato Teixeira Moreira

RiMa

2021

M838p	Moreira, Renato Teixeira Planctologia e a produção de alimento vivo / Renato Teixeira Moreira – São Carlos: RiMa Editora, 2021.
	206 p. il.
	ISBN – 978-65-88549-24-7
	1. alimento vivo. 2. aquicultura. 3. microalgas. 4. planctologia. I. Autores. II. Título.

COMISSÃO EDITORIAL
Dirlene Ribeiro Martins
Paulo de Tarso Martins
Carlos Eduardo M. Bicudo (Instituto de Botânica - SP)
Evaldo L. G. Espíndola (USP - SP)
João Batista Martins (UEL - PR)
Michèle Sato (UFMT - MT)

RiMa

Rua Virgílio Pozzi, 81 – Santa Paula
13564-040 – São Carlos, SP
Fone/Fax: (16) 988064652

Dedico este livro à minha esposa, Sarah Maria, e às minhas filhas, Lourdes Maria e Dulce Maria, pelo amor, apoio e compreensão, principalmente na etapa de redação desta obra. Sem o carinho de vocês, esta jornada teria sido mais difícil.

Dedico também ao Prof. Dr. Wladimir Ronald Lobo Farias (in memoriam), pela orientação e construção da jornada acadêmica. Grato pela amizade e pelo conhecimento transferido.

Agradecimentos

Agradecimentos à Profa. Dra. Teresa Mouga, do MARE – Centro de Ciências do Mar e do Ambiente, da Escola Superior de Turismo e Tecnologia do Mar, Politécnico de Leiria, Portugal, e ao Prof. Dr. William Alves, do Instituto Federal de Educação, Ciência e Tecnologia do Ceará (IFCE), campus Aracati, e ao Pesquisador MSc. Pedro Henrique Gomes, pelo incentivo e contribuição para a elaboração desta obra.

Agradecimentos a todos que fizeram parte do Laboratório de Planctologia da Universidade Federal do Ceará (UFC), desde 2005, sob orientação do Prof. Dr. Wladimir Ronald Lobo Farias, e agora da Prof. Dra. Kelma Pires, pela amizade e construção coletiva de conhecimento.

A todos os alunos das minhas disciplinas, aos bolsistas e orientandos do Laboratório de Planctologia do IFCE, campus Morada Nova: a busca por instruir da melhor forma me fez aprender ainda mais.

Prefácio

Em boa hora chega este livro do professor doutor Renato Teixeira, do Instituto Federal do Ceará, sobre o plâncton, nas suas mais diversas facetas.

O plâncton inclui organismos microscópicos, por isso relativamente pouco estudados, extremamente diversificados, fascinantes. Exibem formas diferenciadas, metabolismos próprios, origens muito diversificadas, desafiando os cientistas na tentativa de estabelecer sua filogenia há séculos.

O plâncton pode incluir protozoários, microalgas ou outros organismos. Estas designações – microalgas e protozoários – são informais e práticas de usar, já que nos transportam rapidamente para um "grupo" morfológico de organismos, mas não existe um grau de parentesco entre as espécies que compõem o grupo.

Os protozoários incluem organismos eucarióticos, isto é, com núcleo individualizado e organelos membranares, heterotróficos e microscópicos, habitualmente unicelulares, com diferentes tipos de organização, sobretudo flagelados e rizopodiais. Incluem-se em diversos dos reinos definidos atualmente: Reino Amoebozoa, Reino Excavata, Reino Alveolata, Reino Rhizaria, Reino Stramenopila, Filo Choanoflagellates do Reino Opisthokonta, dentre outros.

Do ponto de vista ecológico, muitos desses organismos fazem parte do zooplâncton, isto é, são organismos aquáticos heterotróficos que vivem na coluna de água, com pouca capacidade para contrariar as correntes, pelo que são arrastados pelas massas de água, quer de água doce, quer marinhas.

No zooplâncton incluem-se, ainda, outras formas de vida mais complexas, como larvas de peixe, crustáceos, copépodes, dentre outros, incluídos no Reino Opisthokonta (que inclui o antigo Reino dos animais Metazoa).

As microalgas, por outro lado, incluem organismos fotossintéticos, tanto eucarióticos como procarióticos. De fato, podemos incluir nesse grupo informal organismos tão diversificados como as Cyanobacteria, organismos pertencentes ao Domínio Eubacteria. A sua inclusão nas microalgas deve-se ao fato de essas bactérias terem desenvolvido os fotossistemas I e II, há mais de 3,4 mil milhões de anos, bem como os pigmentos fotossintéticos, especialmente a clorofila *a* e outros pigmentos acessórios. Estes captam a luz solar e transformam o dióxido de carbono e a água em compostos orgânicos, com a liberação de oxigénio molecular para a atmosfera. Esse processo extraordinário, que alterou de forma dramática a Terra, designa a fotossíntese.

Essa característica fotossintetizante foi posteriormente "fagocitada" pelas células eucarióticas de tantos outros grupos através do fenômeno de endossimbiose: Reino Archaeplastida (antigo reino Plantae), Filos Cryptophyta e Haptophyta do "Reino Hacrobia" (*incertae sedis*), Filo Euglenozoa do Reino Excavata, e ainda organismos do supergrupo SAR, que inclui o Filo Ochrophyta do Reino Stramenopila (Chromista), o Filo Dinoflagellata do Reino Alveolata e a Classe Chlorarachniophyceae do Reino Rhizaria. Através de diversos episódios de endossimbiose primária, secundária, secundária em série e terciária, todos esses grupos têm atualmente a capacidade de fazer a fotossíntese.

Do ponto de vista ecológico, muitas dessas microalgas fazem parte do fitoplâncton, isto é, são organismos microscópicos fotossintéticos que vivem na coluna de água, tanto doce como marinha, também sem capacidade de contrariar as correntes.

Pelas linhas acima compreende-se que o plâncton inclui uma diversidade extraordinária de formas de vida, sobre as quais temos vindo a obter conhecimento nas últimas décadas.

O presente livro de planctologia descreve de forma clara, detalhada e com rigor esses grupos complexos de organismos, a sua morfologia e estrutura, os conceitos e a sua complexa classificação.

O estudo do plâncton – fitoplâncton e zooplâncton – é importante para a ciência fundamental, uma vez que estabelece a base e organiza o conhecimento científico. Permite compreender a diversidade e a função ecológica desempenhadas por esses organismos. De fato, estes são fundamentais nos ecossistemas aquáticos, já que o fitoplâncton constitui a base de todas as teias alimentares aquáticas, nas quais a luz do sol é a principal fonte de energia. O fitoplâncton serve de alimento ao zooplâncton, e este, por sua vez, serve de alimento a organismos maiores, como peixes juvenis, e assim sucessivamente, até se chegar ao topo da cadeia. Assim, quanto mais abundante for o fitoplâncton, mais rica será a teia alimentar e, portanto, mais organismos de topo sustentará.

Nas últimas décadas, o conhecimento sobre as cadeias alimentares marinhas e de água doce tem vindo a crescer significativamente, já que este é fundamental para estabelecer sistemas eficientes de aquicultura. Quanto maior for o conhecimento adquirido, mais fácil será mimetizar os sistemas naturais nos sistemas artificiais de aquicultura e, portanto, mais eficiente se torna a produção de organismos aquáticos. São exemplos disso: os sistemas RAS (*Recirculating aquaculture systems*), ou sistemas de recirculação em aquacultura, que visam utilizar a biofiltração para reduzir significativamente os efluentes poluentes; a aquaponia, que combina o cultivo de plantas com o cultivo de peixes; e os sistemas IMTA (*Integrated Multi-Trophic Aquaculture*), ou sistemas multitróficos, nos quais são cultivados simultaneamente organismos de diversos níveis tróficos, cada um deles alimentando-se dos resíduos produzidos pelo outro.

Não duvido que a aquicultura é a solução de futuro para providenciar pescado suficiente para alimentar a população humana. Contudo, há que se encontrarem soluções eficientes, mas ao mesmo tempo não poluentes. As soluções baseadas na natureza (SbN) podem ser uma resposta a este desafio global, utilizando a natureza. Na aquicultura, os sistemas mais poluidores ou ecologicamente agressivos ainda em prática podem ser substituídos por soluções ecologicamente mais sustentáveis e, simultaneamente, mais rentáveis.

O conhecimento do plâncton e da sua produção como alimento vivo, conforme o presente livro habilmente descreve, certamente contribui para esta visão mais sustentável da aquicultura.

Teresa Mouga

Professora coordenadora
MARE – Centro de Ciências do Mar e do Ambiente
Escola Superior de Turismo e Tecnologia do Mar, Politécnico de Leiria, Portugal

Apresentação

O alimento vivo abrange vários setores da aquicultura, percorrendo a maturação de matrizes, reprodução, recria e terminação de organismos aquáticos. São importantes na cadeia trófica por apresentarem características bioquímicas, nutricionais e alimentares superiores ao alimento inerte, principalmente na fase larval de algumas espécies cultivadas.

O potencial da produção de alimento vivo é crescente, pois não são direcionados apenas para a aquicultura, também são utilizados em diversas aplicações nutracêuticas, industriais e agropecuárias, alcançando uma multidisciplinaridade que incrementa conhecimento e resultados satisfatórios de produção.

Livros com estudos de produção de alimento vivo em língua portuguesa ainda são escassos, ao contrário de publicações em revistas científicas, que têm se intensificado nos últimos anos, mas com assuntos específicos, não contemplando o imenso universo desse setor.

Esta publicação vem como resposta para essa crescente demanda por informações na produção de diversos organismos para alimentação aquática em uma única obra, abordando a biologia, ecologia, morfologia e fisiologia desses organismos. Este livro é indispensável para profissionais, estudantes e leitores afins, pois transmite as práticas essenciais para produção de alimento vivo.

José William Alves da Silva
Prof. IFCE – Aracati

Sumário

Capítulo 1

Planctologia e a Produção de Alimento Vivo

Planctologia 19
  Coleta de organismos planctônicos 20
  Conservação das amostras 23
  Importância para a aquicultura 25
Produção de alimento vivo 26
  Características gerais de fitoplanctônicos para uso
    como alimento vivo 29
  Características gerais de zooplanctônicos para uso
    como alimento vivo 31
Referências 34

Capítulo 2

Plâncton

Introdução 37
Ambiente Aquático 38
  Informações gerais 38
  Ecossistemas continentais 39
  Ecossistemas marinhos 39
  Ecossistemas estuarinos 40
  Divisões dos ambientes aquáticos 42
Divisões do plâncton 49
  Informações gerais 49
  Dimensões 50
  Biótopo 50
  Distribuição na coluna d'água 51
  Ciclo de vida 51
  Tipo de nutrição 52
Classificação biológica 53
  Informações gerais 53
  Produtividade nos ambientes aquáticos 53
  Bacterioplâncton 57
  Fitoplâncton 59
  Zooplâncton 60
Distribuição temporal do plâncton 61

Migração diária 61
Distribuição sazonal 63
Adaptações à vida planctônica 64
Referências 67

Capítulo 3

Produção de Microalgas

Introdução 71
Características gerais 74
Reprodução 74
Eutrofização e florações 75
Cultivo de microalgas 81
Histórico de produção 81
Sistemas de cultivo 82
Produção em escala comercial 86
Requisitos de cultivo 89
Obtenção de cepa 91
Meios de cultura 93
Fatores limitantes e controladores 95
Acompanhamento das culturas 97
Aplicação na aquicultura 108
Biotecnologia aplicada às microalgas 109
Principais espécies de interesse 112
Referências 115

Capítulo 4

Produção de Zooplâncton

Introdução 119
Classificação por Biótopo 123
Limnozooplâncton 122
Halizooplâncton 124
Cladóceros 125
Informações gerais 125
Cultivo 131
Copépodos 135
Informações gerais 135
Cultivo 141
Rotíferos 144
Informações gerais 144

Cultivo 150
Artêmia 155
Informações gerais 155
Cultivo 161
Descapsulação 165
Enriquecimento ou bioencapsulação 168
Branconetas 170
Referências 171

Capítulo 5

Outros Organismos Utilizados como Alimento Vivo

Introdução 175
Larvas de Quironomídeos 176
Informações gerais 176
Uso na aquicultura 178
Protozoários 180
Informações gerais 180
Uso na aquicultura 181
Microvermes 183
Informações gerais 183
Uso na aquicultura 185
Enquitréia 187
Informações gerais 187
Uso na aquicultura 188
BFT 191
Informações gerais 191
Uso na aquicultura 194
Outros Organismos 195
Blackworms 195
Ostracoda 197
Outros crustáceos 200
Perifíton 201
Referências 204

Capítulo 1

Planctologia e a Produção de Alimento Vivo

Planctologia

O termo *plâncton* foi empregado pela primeira vez em 1887, por Victor Hensen, sendo ele considerado um dos criadores da Planctologia. Hensen utilizou o termo para descrever uma comunidade de organismos, tanto animais como vegetais, que flutuavam e derivavam passivamente à mercê das correntes, ondas e marés (MILLER; WHEELER, 2012; SANTHANAM; PACHIAPPAN; BEGUN, 2019). Assim, Planctologia é a ciência que estuda essa comunidade de organismos que se encontram suspensos em meio ambiente líquido, cujo poder de natação é limitado, e derivam de acordo com a movimentação do meio (GEMAQUE *et al.*, 2020).

Entretanto, com o passar dos anos e aprofundamento dos estudos sobre os *plankters,* a definição de organismos que derivam passivamente não é tão apropriada assim, visto que alguns desses seres, especialmente o zooplâncton, podem se deslocar por grandes distâncias na vertical ao longo de uma migração diária (vide item 2.5 no capítulo 2). Mesmo essa capacidade de locomoção não vai prevalecer perante o poder de deslocamento das massas de água (vide item 2.2.5.5 no capítulo 2) (PACHIAPPAN *et al.*, 2019; PARSONS; TAKAHASHI; HARGRAVE, 1984).

Segundo Kingsford (2018), a palavra em inglês *plankters* (no plural) é utilizada como sinônimo de comunidade planctônica; já *plankter* (no singular) refere-se ao indivíduo integrante do plâncton.

Nos ecossistemas aquáticos, quer seja de água doce ou de água marinha, cada *plankter* vai apresentar preferências ambientais e, a partir destas, será capaz de proliferar ou não. Tudo sob influência dos fenômenos de movimentação e circulação da água, levando a uma heterogeneidade espacial e temporal (BLEDZKI; RYBAK, 2016).

Em muitos ecossistemas aquáticos, a instabilidade temporal do habitat vai ser o fator determinante para a composição dos *plankters,* em especial os organismos zooplanctônicos (MERGEAY; VERSCHUREM; MEESTER, 2005).

O conhecimento da estrutura da comunidade planctônica, e como funciona, depende diretamente dos questionamentos *Qual, Onde,*

Quando e *Quanto* uma determinada espécie ou grupo de organismos vão ocorrer. Para responder a esses questionamentos, é necessário haver exatidão nas análises e precisão nos métodos de coleta, para que seja demonstrado, o mais corretamente possível, como os padrões típicos de distribuição dos organismos vão ocorrer no ambiente (POSTEL; FOCK: HAGEN, 2000).

Mais definições, características, classificações e detalhes sobre o Plâncton podem ser encontrados no capítulo 2 deste livro.

Coleta de organismos planctônicos

As formas de coleta dos organismos estão reunidas em três categorias, de acordo com o equipamento utilizado:

- ◆ Garrafas: retiram uma amostra da água, mas tendem a coletar pequenos volumes ou alguns poucos litros.
- ◆ Bombas: sistemas de bombeamento, seja por meio de bombas centrifugas ou bombas submersas, são utilizados para coletar algumas dezenas de metros cúbicos de água, seguidos de filtração com uso de malhas de diferentes dimensões.
- ◆ Redes de plâncton: São obtidas amostras a partir da filtração de centenas de metros cúbicos de água, já que são arrastadas por uma embarcação. Possuem diferentes tipos de malhas, tamanhos e formatos (SAMEOTO *et al.*, 2000).

A comunidade planctônica permaneceu despercebida até o uso de um simples equipamento: uma bolsa cônica de malha lateral muito fina feita de seda ou material equivalente e com um pequeno recipiente de coleta na extremidade final (HARDY, 2012).

O equipamento descrito por Hardy nada mais é do que uma das primeiras versões das atuais redes de plâncton (Figura 1.1), que ao longo do tempo sofreram melhorias, mas no geral ainda se trata de uma bolsa cônica, em que as laterais são feitas de uma rede de poliamida (náilon) com abertura de malha variando de acordo com a comunidade de organismos a serem capturados. Assim temos que malhas de 300 a 500 μm são utilizadas para capturar ictioplâncton; entre 70 e 50 μm, para zooplâncton; e 20 a 30 μm, para fitoplanctônicos.

A abertura principal, ou "boca", é presa a uma estrutura em forma de arco feita de material inoxidável. Do arco partem três cordas ou cabos para fixação, e o tamanho desses cabos vai variar de acordo com a necessidade (na internet encontramos com 10 metros, por exemplo). Na extremidade oposta à boca temos o copo, parte da rede onde os organismos se acumularão. No geral, o copo é feito de PVC e rosqueado à estrutura da rede coletora, visando facilitar a remoção.

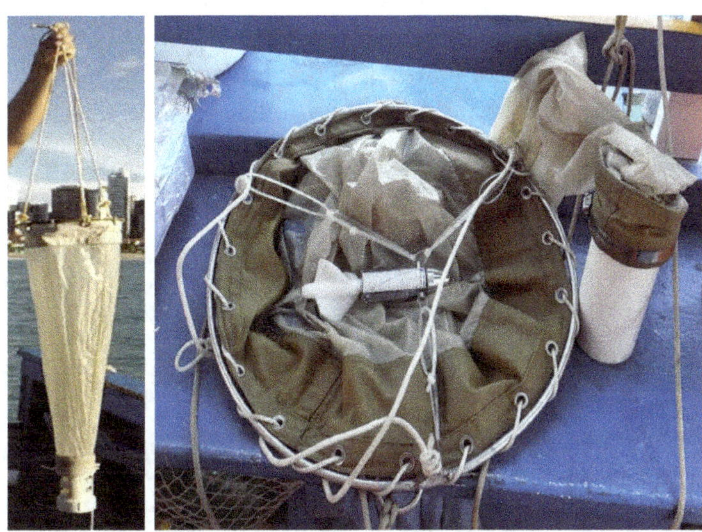

Figura 1.1 As redes de plâncton utilizadas na coleta de organismos possuem diversos tamanhos, com abertura de malha, "boca" e copos em formatos distintos, dependendo da comunidade a ser explorada. *Fonte*: Imagens cedidas pelo pesquisador Pedro Henrique Gomes (2020).

Foi J. V. Thompson, cirurgião e naturalista amador, que, em 1828, primeiro utilizou esse tipo de rede para coletar *plankters*. A partir das anotações de Thompson teve-se acesso à primeira descrição dos estágios planctônicos das larvas de caranguejo e à primeira descrição de que a comunidade planctônica não é composta somente por seres holoplanctô-nicos (vide item 2.3.5, no capítulo 2), mas também por estágios larvais de organismos nectônicos e bentônicos, ou seja, os meroplanctônicos (HARDY, 2012; LALLI; PARSONS, 1997).

Entre as décadas de 1950 e 1960, aparelhos eletrônicos e cabos foram conectados às redes de plâncton. Também, redes mais sofisticadas foram desenvolvidas com o passar dos anos, sendo mais efetivas na coleta dos organismos do que os primeiros modelos, atuando em diferentes profundidades. Surgem então os sistemas de redes múltiplas, e estes contam com sensores que, durante o ato de coleta, já analisam as propriedades da água, tais como: temperatura, salinidade, pressão (informando a profundidade), matéria orgânica em suspensão, dentre outros parâmetros. Outros sensores seriam responsáveis por informar as características do arrasto, como volume de água filtrado e velocidade de arrasto, por exemplo. Inclusive alguns modelos contam com sistema de alarme, que informa o fechamento da rede (SAMEOTO *et al.*, 2000).

A função das redes de plâncton é filtrar a água e capturar os organismos, enquanto são arrastadas por embarcação. Os arrastos podem ser executados na vertical, na horizontal ou de forma oblíqua e em diferentes profundidades (LALLI; PARSONS, 1997).

Figura 1.2   Redes de plâncton sendo arrastadas por embarcação. As amostras são destinadas à pesquisa *Fonte*: Imagens cedidas pelo pesquisador Pedro Henrique Gomes (2020).

As principais vantagens no uso das redes simples em detrimento das redes múltiplas, para coleta de amostras, são facilidade de uso, o baixo custo de aquisição e o fato de poderem ser arrastadas por qualquer tipo ou tamanho de embarcação (SAMEOTO *et al.*, 2000).

As garrafas são utilizadas para análises qualitativas e quantitativas de organismos planctônicos (Figura 1.3).

As amostras são coletadas de acordo com a profundidade desejada. É considerado um método bastante simples e de fácil manuseio, a principal desvantagem é o baixo volume coletado, se comparado aos métodos de bombeamento e filtração com rede de plâncton (SANTHANAM; PACHIAPPAN; BEGUN, 2019).

Figura 1.3 Garrafa de Van Dorn, utilizada em pesquisa. Na imagem à esquerda, aparece a garrafa fechada; já na imagem à direita vemos o pesquisador soltando o equipamento com o mecanismo ativado, ou seja, as duas extremidades da garrafa estão abertas, quando atingir a profundidade desejada, o operador libera um peso ou mensageiro, por meio de uma corda guia, e este, ao tocar a trava, promove o fechamento da garrafa. *Fonte*: Imagens cedidas pelo pesquisador Pedro Henrique Gomes (2020).

Na internet é possível encontrar lojas especializadas vendendo esses artigos em diferentes tamanhos, redes com aberturas de malha distintas, diferenciações estruturais e tecnológicas, assim como preços de aquisição bem diversos (levando em consideração o frete para envio), cabendo ao usuário escolher aquele que melhor atende à sua necessidade.

Segundo Santhanam, Pachiappan e Begun (2019), logo após as coletas, o material deve ser preservado para a realização das análises e armazenamento.

Conservação das amostras

Santhanam, Pachiappan e Begun (2019) descrevem o processo de fixação e preservação das amostras usando as seguintes soluções:

♦ *Soluções à base de formaldeído*
1. Formalina a 4 ou 5%: para o preparo desta solução se utilizam 10 mL de formaldeído (40%) dissolvido em 90 mL de água destilada.
2. Formalina neutralizada com bórax: o formaldeído apresenta certa acidez, logo deve ser neutralizado para evitar danos às estruturas,

dificultando a identificação, assim se adicionam 30 g de tetra-borato de sódio (bórax – $Na_2B_4O_7$). Em seguida, procede-se com a diluição. Para fixação das amostras de zooplâncton, em um frasco limpo (500 mL de capacidade) adicionar 50 mL de formaldeído neutralizado e completar o volume com a água contendo as amostras, mantendo a proporção de 1:9 (formaldeído:água); a concentração final permanecerá 4%. Os organismos podem ainda ser concentrados por meio de filtração e adicionados ao recipiente com o mínimo possível de água da coleta, completando o volume com formalina 4% neutralizada.

3. Formaldeído acidificado: a uma solução de formaldeído 20% adiciona-se uma solução de ácido acético glacial a 50% (CH_3COOH), na proporção de 1:1. Ideal para preservação de fitoplanctônicos, especialmente diatomáceas.

♦ *Solução de lugol*
Em um litro de água destilada, adicionar 100 g de iodeto de potássio (KI), 50 g de iodo (I_2) e 100 mL de ácido acético glacial (CH_3COOH). Solução destinada à preservação de fitoplanctô-nicos, exceto cocolitoforídeos, que se dissolvem em virtude da acidez. Utilizar de 0,4 a 0,8 mL para cada 200 mL de amostra.

O armazenamento das amostras deve ser realizado preferencial-mente em recipientes de vidro, com destaque para o acondicionamento de amostras contendo diatomáceas. Os recipientes feitos com vidro de alta qualidade ou plástico podem resultar na lenta dissolução das frústulas e/ou das espículas.

Após as análises, se as amostras tiverem de ser armazenadas por longos períodos, o ideal é revestir a tampa com cera ou outro material que promova a vedação completa do frasco.

Por fim, é realizada a rotulagem do material, destacando informações importantíssimas para análises posteriores. As informações podem ser dispostas de duas formas: dentro do recipiente (antes da vedação) e/ou na parte externa do frasco. De acordo com Santhanam, Pachiappan e Begun (2019), as seguintes informações devem constar no rótulo: data da coleta; local de coleta; duração; tipo de material usado na coleta (rede de plâncton, garrafas ou bombas); modo de coleta ou arrasto, para redes (horizontal, vertical ou oblíquo); profundidade; condições climáticas; período (dia ou noite); e nome de quem executou a coleta (operador).

Importância para a aquicultura

No decorrer do livro serão apresentadas as classificações e descrições dos *plankters*, assim como a importância desses organismos para o desenvolvimento da aquicultura.

Na aquicultura, a Planctologia vai ganhar destaque na coleta e identificação dos organismos que vão compor a biota planctônica em viveiros e tanques de produção, dividindo o espaço com as espécies-alvo. Segundo Milstein (2012), os principais filos de fitoplanctônicos presentes em viveiros são Cyanobacteria; Chlorophyta; Euglenophyta; Bacillariophyta; Dinophyta; Chrysophyta; e Cryptophyta.

Esses organismos podem ser unicelulares ou formadores de colônias, apresentando variação no tamanho (celular ou da colônia), formato, motilidade, presença de vacúolos, dentre outras características (vide capítulo 3). É sabido ainda que alguns desses seres planctônicos são capazes de produzir substâncias bioativas que irão atuar de diversas formas, dependendo sensivelmente das reações que provocarão no organismo do animal cultivado, podendo ser benéficas ou maléficas.

Entre os zooplanctônicos, os organismos mais presentes em viveiros de aquicultura são protozoários, rotíferos, cladóceros e copépodos. Os hábitos alimentares variam desde filtradores a suspensívoros, tendo algumas espécies por hábito o parasitismo e outras a predação (MILSTEIN, 2012).

A autora destaca ainda que, nos viveiros, os rotíferos e protozoários tendem a se distribuir mais homogeneamente, já cladóceros e copépodos tendem a uma distribuição mais agregada, formando aglomerados. Estes últimos realizam migrações verticais ao longo do dia, permanecendo próximos ao substrato do viveiro durante o período diurno e migrando em direção à superfície no período noturno. Essa locomoção diária favorece a redução da predação visual, principalmente em viveiros de piscicultura (mais informações, vide capítulo 2).

A seguir, trataremos da importância dos organismos planctônicos para a concretização e desenvolvimento de cultivos de peixes, em especial as espécies marinhas e crustáceos, tendo um papel fundamental como primeiro alimento de larvas e estágios iniciais de desenvolvimento.

Produção de alimento vivo

Na aquicultura, as espécies destinadas a servir de alimento são denominadas de forrageiras e aquelas que são alimentadas são as espécies-alvo, além do principal organismo da propriedade. Entretanto, para o cultivo de algumas espécies-alvo, principalmente na fase da larvicultura, é necessário dispor de infraestrutura destinada à produção da(s) espécie(s) forrageira(s). Tal infraestrutura não se compara àquela destinada à espécie principal, porém, ainda assim, vai necessitar de uma equipe de trabalho (muitas vezes exclusiva do setor), equipamento e suprimentos, suporte técnico e tecnológico e, por fim, de espaço (que muitas vezes poderia ser utilizado para a expansão da unidade de engorda).

O sucesso da larvicultura de diversas espécies de peixes é enormemente dependente da disponibilidade de alimento vivo adequado ao aparato alimentar das larvas (LIM; DHERT; SORGELOOS, 2003). Os mecanismos de nutrição e a composição alimentar inicial das larvas são aspectos críticos na escolha de uma espécie para cultivo (WATANABE; KIRON, 1994).

Segundo Govoni, Boehlert e Watanabe (1986), o sistema digestivo das larvas de peixes é morfológica, histológica e fisiologicamente menos elaborado do que nos indivíduos adultos. Já Bengston (2003) destaca que as larvas de peixes podem ser classificadas em dois tipos: precocial e altricial.

São consideradas larvas precociais aquelas que após o consumo das reservas vitelínicas já se assemelham com os adultos da sua espécie, exibem desenvolvimento completo de estruturas corporais e sistema digestivo maduro, incluindo um estômago funcional. Essas larvas já possuem a capacidade de ingerir e digerir dietas formuladas (rações) como primeiro alimento exógeno, assim são mais fáceis de ser mantidas em cativeiro. Já as larvas altriciais são aquelas que após o consumo dos sacos vitelínicos permanecem em um estado de subdesenvolvimento. O sistema digestivo ainda é rudimentar e a maior parte da digestão de proteínas vai ocorrer nas células epiteliais do intestino grosso, já que a larva ainda não terá um estômago funcional (GOVONI; BOEHLERT; WATANABE, 1986).

O sistema digestivo das larvas altriciais aparentemente é incapaz de processar dietas formuladas, de maneira tal que, para permanecerem vivas e crescerem, elas realmente necessitam de alimento vivo, pois a partir das enzimas autolíticas do próprio alimento é que se tornam capazes de digeri-lo (BENGSTON, 2003). Ainda de acordo com o autor, não é somente pelo ponto de vista digestivo que os organismos altriciais precisam de alimento vivo. Diferentemente das rações, os seres planctônicos movimentam-se.

Apresentar um padrão de movimentação é extremamente importante, uma vez que a maioria das larvas de peixes é predadora visual (GOVONI; BOEHLERT; WATANABE, 1986). A movimentação vai atrair e estimular o hábito alimentar das larvas mantidas em cativeiro, já que evolutivamente, em ambientes naturais, elas foram adaptadas para a caça e captura de presas que se locomovem. Já as rações e dietas formuladas só vão apresentar um único movimento, descendente, em direção ao fundo do tanque de cultivo (BENGSTON, 2003).

À medida que as larvas dos peixes crescem, a preferência alimentar também muda. No uso de organismos zooplanctônicos, os rotíferos, dado o menor tamanho, são a opção inicial, seguidos pelos náuplios de artêmia, cladóceros e, por fim, copépodos. Essa mudança vem acompanhada do aumento na capacidade de apreensão das larvas (GOGOI; SAFI; DAS, 2016). Os alimentos artificiais serão introduzidos quando já for possível retirar o alimento vivo da dieta das larvas (SOUTHGATE, 2019).

As larvas de crustáceos são qualitativamente bem diferentes das larvas de peixes. Inicialmente podem ser filtradoras, mas, à medida que crescem, mudam o hábito para consumir organismos zooplanctônicos. A princípio, nas larviculturas de camarões, o primeiro alimento ofertado são microalgas, preferencialmente diatomáceas como *Chaetoceros* spp., podendo logo em seguida ser oferecidos rotíferos e artêmia ou somente artêmia, dependendo do estágio de desenvolvimento larval (SOUTHGATE, 2019).

Outra diferença entre as larvas de crustáceos e de peixes é o fato de os crustáceos possuírem apêndices aptos a realizar a captura e manipulação do alimento (BENGSTON, 2003). Ainda segundo o autor, se observarmos a movimentação dos tanques de produção de larvas de crustáceos, como, por exemplo, do camarão *Litopenaeus vannamei*, veremos que a água apresenta circulação mais intensa, o que é quase impraticável em cultivo de peixes. Essa agitação constante faz com que a partícula alimentar permaneça em suspensão e circulando pela coluna d'água, mesmo sendo na forma de ração. Então as larvas de crustáceos, com seus apêndices, podem capturar o item, manipulá-lo e comê-lo. Já as larvas de peixes, por não possuírem apêndices preênseis, precisam engolir o alimento em um único "*bote*"; dessa forma, uma movimentação intensa dificulta, para algumas espécies, a captura.

Nos protocolos para alimentação de larvas de peixes marinhos a alimentação começa com a introdução de rotíferos.

O uso de alimento vivo pode, como já dito, tanto partir do cultivo da espécie forrageira como advir da coleta de organismos em ambientes naturais. De acordo com Delbare, Dhert e Lavens (1996), há três grandes vantagens no uso de organismos planctônicos selvagens como fonte de alimento vivo:

♦ Dada a diversidade de organismos capturados, é bem provável que alguns atendam aos requisitos nutricionais dos animais cultivados.

♦ Por se tratar de captura, serão encontrados organismos nos mais diferentes estágios de crescimento e, dessa forma, deve haver algum organismo com tamanho adequado aos requisitos de captura das larvas cultivadas. As larvas de algumas espécies altriciais não vão apresentar todo o aparato alimentar plenamente desenvolvido, assim todo alimento que entre pela boca do animal deve ter tamanho adequado para ser engolido inteiro (BENGSTON, 2003).

♦ O custo com captura é muito inferior ao custo de produção dos organismos utilizados como alimento vivo.

Ainda segundo Delbare, Dhert e Lavens (1996), nem tudo é tão positivo na captura dos organismos selvagens, pois:

♦ Depende da produtividade local e das condições climáticas, podendo haver oferta irregular ao longo do ano.

♦ Pode também ocorrer a introdução de doenças e parasitas, como os *Argulus* sp. e as *Lerneae* sp.

Outro ponto a favor do uso de presas vivas na composição da dieta das espécies-alvo, quando comparadas com rações, é que organismos vivos podem apresentar um fino exoesqueleto e elevado conteúdo de água, dessa forma são mais palatáveis para as larvas do que um grânulo seco e duro como os observados nas dietas artificiais (BENGSTON, 2003).

Segundo Watanabe e Kyron (1994), a escolha de quais organismos zooplanctônicos serão utilizados como alimento vivo depende de alguns aspectos, como:

- ◆ Qualidade física: pureza, disponibilidade e aceitação.
- ◆ Indicadores nutricionais: digestibilidade e relação nutrientes/ energia nos organismos.
- ◆ Fácil obtenção.
- ◆ Fácil produção.
- ◆ Viabilidade econômica.

A quantidade de alimento a ser ofertado para larvas, quer sejam microalgas, rotíferos ou artêmia, pode ser calculada a partir da fórmula fornecida por Southgate (2019):

$$A = (B \times C) / D$$

em que: A é o volume (em litros) do alimento vivo; B, a densidade necessária de alimento (n° de células – para microalgas; ou n° de indivíduos – para rotíferos e artêmias, por mL) que se deseja dentro do tanque das larvas; C é o volume do tanque das larvas (em litros); e D, a densidade do alimento vivo na sua cultura (n° de células – para microalgas; ou n° de indivíduos – para rotíferos e artêmias, por mL).

O autor destaca, ainda, a importância de controlar o regime alimentar em larviculturas, uma vez que a superalimentação é um desperdício e um custo desnecessário, compromete a qualidade da água, favorece o surgimento de doenças e afeta a performance produtiva das larvas, enquanto a subalimentação vai implicar baixo crescimento, aumentando o tempo de produção e, com isso, os custos operacionais.

Características gerais de fitoplanctônicos para uso como alimento vivo

Southgate (2019) descreve o papel central das microalgas para a aquicultura como fonte de alimento vivo, com aplicações variando desde o uso na alimentação de larvas e adultos de bivalves, nos primeiros estágios larvais de peixes e crustáceos, até sendo utilizadas na dieta de organismos zooplanctônicos, visando ao bioenriquecimento desses organismos ou simplesmente para manutenção de suas culturas.

O autor ainda ressalta que, mesmo considerando que algumas espécies de microalgas possam ser usadas como alimento vivo, algumas características físicas devem ser observadas, tais como: tamanho celular; espessura da parede celular; digestibilidade; presença de espículas ou apêndices espinhosos; e formação de cadeias ou colônias.

Mesmo com a enorme importância das microalgas como alimento vivo nas larviculturas, a produção e o uso de microalgas cultivadas apresentam potenciais problemas (SOUTHGATE, 2019):

1. A produção de microalgas é laboriosa e tem elevado custo operacional, representando cerca de 30 a 50% dos custos de funcionamento de uma larvicultura.

2. Requer uma equipe dedicada à atividade, com estrutura e equipamentos exclusivos para sua produção, ocupando um espaço dentro das larviculturas que poderia ser utilizado na produção da espécie-alvo.

3. As culturas podem simplesmente morrer por falhas durante o cultivo ou apresentar contaminação; ambas as situações podem resultar na falta de alimento para a espécie principal.

Na tentativa de minimizar esses problemas, foram desenvolvidos produtos à base de microalgas que podem ser viáveis para uso nas larviculturas: os concentrados algais e as microalgas desidratadas (secas) em pó.

As vantagens são a facilidade de armazenamento e o fato de a produção não ser realizada nas larviculturas (são compradas), assim eliminam a necessidade de uma estrutura de produção, resultando em redução de custo operacional e com infraestrutura.

Os concentrados algais consistem na remoção das microalgas dos meios de cultura, formando uma pasta. As células permanecem intactas e a concentração celular é elevada, com bilhões de células por mL. Se mantidas sob refrigeração ou congeladas, podem durar por meses ou anos. Existe ainda a possibilidade de realizar um *mix* de algas, ao juntar duas espécies ou mais em uma mesma pasta concentrada.

Já as microalgas desidratadas são cultivadas em meio heterotrófico, o que envolve produzir as algas no escuro, utilizando açúcar como fonte de energia. Nem todas as espécies se adaptam à produção nesse sistema e vão apresentar valor nutricional diferente daquelas cultivadas em sistemas tradicionais. Embora possuam um bom tempo de prateleira, as microalgas desidratadas vão manifestar problemas estruturais derivados do processo de secagem (SOUTHGATE, 2019).

Características gerais de zooplanctônicos para uso como alimento vivo

Segundo Sipaúba-Tavares e Rocha (2001), na aquicultura, em geral, há enorme demanda por biomassa/produção de zooplâncton vivo para ser utilizado na alimentação de larvas e adultos de crustáceos e peixes.

Nas larviculturas de peixes e crustáceos, da mesma forma que para algumas é necessário ter uma unidade produtiva de microalgas, também é necessária uma unidade produtiva de zooplanctônicos (SOUTHGATE, 2019).

Segundo Dhert (1996), foi graças à capacidade de produzir grandes quantidades de organismos como os rotíferos *Brachionus plicatilis*, *B. rotundiformis* e *Artemia*, em seus diferentes estágios de desenvolvimento, que se obteve sucesso na larvicultura de pelo menos 60 espécies de peixes marinhos e 18 espécies de crustáceos, à época. Na atualidade, segundo Southgate (2019), esforços são empreendidos no desenvolvimento de culturas massivas de copépodos, para assim aumentar a diversificação de alimento produzido.

Um dos fatores que dificultam o desenvolvimento do cultivo de algumas espécies, principalmente na piscicultura ornamental, é a necessidade do uso de diferentes tipos de presas vivas, uma vez que se tem de atender a organismos distintos em diferentes estágios de desenvolvimento (LIM; DHERT; SORGELOOS, 2003).

Southgate (2019) lista as características dos principais organismos zooplanctônicos utilizados como alimento vivo:

Rotíferos

As características básicas que fazem dos rotíferos um dos principais organismos utilizados como alimento vivo são: tamanho viável para ingestão pelas larvas, especialmente de peixes; produção em massa, culturas com altas densidades; taxa reprodutiva elevada, se as condições de cultivo permanecerem ótimas; ampla tolerância à salinidade e temperatura; e natação lenta, o que estimula a captura do alimento.

Três espécies se destacam no uso em larviculturas:

- *Brachionus plicatilis*, cujo tamanho varia de 130 a 340 μm, é considerada uma espécie *L-type* (discutida no capítulo 4).
- *B. ibericus*, com tamanho variando entre 100 e 230 μm, é considerada uma espécie *S-type*.
- *B. rotundiformis*, espécie *SS-type*, com dimensões entre 90 e 190 μm.

Há uma discussão em torno da taxonomia das espécies, mas o mais importante é que a espécie de rotífero a ser cultivada possua um tamanho que lhe permita ser ingerida pela larva da espécie-alvo.

Podem ser cultivados em sistemas estacionários (*Batch*), semicontínuos ou contínuos. As densidades praticadas estão entre 7.000 e 10.000 indivíduos.mL^{-1}, mas novos métodos de cultura em densidades ultraelevadas estão sendo desenvolvidos, com produção de 10.000 a 30.000 indivíduos.mL^{-1}.

Artêmia

São organismos que apresentam características únicas na natureza, toleram salinidades elevadíssimas, facilmente acima de 200 ppt. Outra característica, esta importante para a aquicultura, é a produção de cistos. Essa forma dormente das artêmias permite que sejam comercializadas, transportadas e armazenadas com maior facilidade.

Após eclodidos, os náuplios de artêmia são a forma mais comum na administração como alimento vivo, mas cistos descapsulados (discutidos no capítulo 4) e biomassa de artêmia adulta, fresca ou congelada, também são utilizados na alimentação de organismos aquáticos cultivados.

Visando à produção de biomassa, as artêmias são cultivadas em tanques com a densidade inicial de 1.000 a 3.000 náuplios.L^{-1}, alimentados inicialmente com microalgas na densidade de $5x10^5$ a $1x10^6$ cels.mL^{-1}, lembrando sempre de ajustar a densidade à medida que os animais crescem. As condições ideais para os cultivos são: boa aeração; água com ótima qualidade; alimento sempre disponível; baixa luminosidade; temperatura entre 25 e 30°C; e salinidade entre 30 e 35 ppt.

Como recomendado para a cultura de qualquer organismo, o ambiente de cultivo e os tanques devem ser mantidos limpos, com remoção de detritos e matéria fecal, o que auxilia na qualidade da água. Sob essas condições, em sistema do tipo *Batch*, é possível obter 57 kg.m^3 em peso úmido.

No cultivo de artêmias e rotíferos, por vezes é necessário realizar o enriquecimento dos organismos, para melhorar o seu valor nutricional, principalmente em ácidos graxos essenciais (EFA – do termo em inglês, *essential fatty acid*).

Os principais problemas associados ao uso de artêmias e rotíferos como alimento vivo são:

♦ Deficiência nutricional: composição inadequada de EFAs, principalmente para larvas de peixes marinhos, sendo necessário o enriquecimento artificial, o que eleva o custo de produção.

♦ Inconsistência nutricional: a composição nutricional dos organismos vai variar de acordo com o tipo de alimento fornecido.

♦ Confiabilidade no fornecimento: a maioria das larviculturas importa cistos dos Estados Unidos (GSL e SFB), assim, de acordo com a demanda e a flutuabilidade da produção, pode haver dificuldade na aquisição.

♦ Contaminação: os organismos podem ser vetores de doenças e contaminantes.

Copépodos

Ocorrem em todos os ambientes aquáticos e são presas naturais para virtualmente todas as espécies de larvas de peixes. As formas planctônicas possuem tamanho variando de 0,5 a 2,5 mm.

Seu valor nutricional é superior aos de rotíferos e artêmias. Estudos demonstram que a inclusão dos copépodos na dieta de larvas resulta em maior sobrevivência e taxa de crescimento, melhor pigmentação e desenvolvimento do trato digestivo.

A maioria destes organismos vai se reproduzir sexuadamente, sendo os ovos liberados diretamente na coluna d'água (calanoides) ou incubados em bolsas (harpacticoides e ciclopoides). Dos ovos eclodem os náuplios, que após seis mudas chegam à fase de copepodito e depois mais seis mudas para chegarem ao estágio adulto.

No geral, os náuplios são mais interessantes para uso como alimento vivo, dado seu tamanho reduzido em comparação aos outros estágios do ciclo de vida desses organismos, mas vale ressaltar mais uma vez que, a partir do tamanho da boca da espécie-alvo, náuplios, copepoditos ou adultos podem ser utilizados. Quanto aos adultos, a ressalva é por conta do poder de natação. Como eles se locomovem muito rapidamente, são poucas as larvas de peixes capazes de capturá-los.

A produção de copépodos pode ocorrer em sistemas extensivos ou semi-intensivos, em viveiros externos (sistema *outdoor*). Previamente, com o uso de fertilizantes, é promovida a floração de microalgas nesses viveiros, e logo em seguida são inoculados os copépodos, com densidades variando entre 300 e 1.000 ind.L^{-1}. Geralmente são difíceis de ser produzidos em culturas massivas e intensivas, caracterizadas pela variabilidade e pouca confiabilidade da produção. O desafio é desenvolver uma metodologia de cultivo para produção em larga escala que apresente um custo/benefício competitivo em comparação com outros organismos.

Mais informações sobre estes e outros organismos zooplanctônicos são disponibilizadas no capítulo 4 deste livro.

De acordo com Rudstam (2009), o zooplâncton utilizado como alimento vivo na aquicultura não vai consistir somente em copépodes, cladóceros, rotíferos e artêmias. Outros organismos desempenham papéis fundamentais na teia trófica aquática e, dessa maneira, podem integrar a dieta das espécies cultivadas (vide capítulo 5).

Referências

BENGSTON, D. A. Status of Marine Aquaculture in Relation to Live Prey: Past, Present and Future. *In*: STOTTRUPM, J. G.; MCEVOY, L. A. Live **Feeds in Marine Aquaculture**. Blackwell Science, 2003. 318 p.

BLEDZKI, L. A.; RYBAK, J. I. **Freshwater Crustacean Zooplankton of Europe: Cladocera & Copepoda (Calanoida, Cyclopoida), Key to species identification, with notes on ecology, distribution, methods and introduction to data analysis**. Springer, 2016. 918 p.

DELBARE, D.; DHERT, P.; LAVENS, P. Zooplankton. *In*: LAVENS, P; SORGELOOS, P. **Manual on the production and use of live food for aquaculture**. FAO Fisheries Technical Paper, n° 361, 1996. 295 p.

DHERT, P. Rotifers. *In*: LAVENS, P; SORGELOOS, P. **Manual on the production and use of live food for aquaculture**. FAO Fisheries Technical Paper, n° 361, 1996. 295 p.

GEMAQUE *et al*. Caracterização do zooplâncton no baixo rio Amazonas região da orla da cidade de Macapá, AP, Brasil. **Brazilian Journal of Animal and Enviromental Research**, v. 3, n. 3, p. 2676-2680, 2020.

GOGOI, B.; SAFI, V.; DAS, D. N. The Cladoceran as live feed in fish culture: a brief review. **Research Journal of animal, Veterinary and Fisheries Sciences**, v. 4, n. 3, p. 7-12, 2016.

GOVONI, J. J.; BOEHLERT, G. W.; WATANABE, Y. The Physiology of digestion in fish larvae. **Enviromental Biology of Fishes**, v. 16, n. 1-3, p. 59-77, 1986.

HARDY, A. **The open sea: the world of plankton**. Harper Collins Publishers, 2012. 335 p. (e-book).

KINGSFORD, M. J. "Marine ecosystem". **Encyclopedia Britannica**, 2018.

Disponível em: https://www.britannica.com/science/marine-ecosystem. Acesso em: 23 jun. 2021.

LALLI, C. M.; PARSONS, T. R. **Biological Oceanography: An Introduction**. 2. ed. Butterworth-Heinemann, 1997. 326 p.

LIM, L. C.; DHERT, P.; SORGELOOS, P. Recent developments in the application of live feeds in the freshwater ornamental fish culture. **Aquaculture**, n. 227, p. 319-331, 2003.

MERGEAY, J.; VERSCHUREN, D.; MEESTER, L. *Daphnia* species diversity in Kenia, and a key to the identification of their ephippia. **Hydrobiology**, v. 542, p. 261-274, 2005.

MILLER, C. B.; WHEELER, P. A. **Biological Oceanography**. 2. ed. Willey-Blackwell, 2012. 464 p.

MILSTEIN, A. Pond Ecology. In: MISCHKE, C. C. **Aquaculture Pond Fertilization: Impacts of nutrient input on production**. Wiley-Blackwell, 2012. 314 p.

PACHIAPPAN, P., *et al.* An Introduction to Plankton. In: **Basic and Applied Phytoplankton Biology**. Springer Nature, 2019. p. 1-24.

PARSONS, T. R.; TAKAHASHI, M.; HARGRAVE, B. **Biological Oceanographic Processes**. 3. ed. Pergamon Press, 1984. 337 p.

POSTEL, L.; FOCK, H.; HAGEN, W. Biomass and abundance. *In*: HARRIS, R.; WIEBE, P.; LENZ, J.; SKJOLDAL, H. R.; HUNTLEY, M. (Eds.). **ICES Zooplankton Methodology Manual**. Academic Press, 2000. 684 p.

RUDSTAM, L. G. Other Zooplankton. *In*: LIKENS, G. E. (Ed.). **Plankton of Inland Waters: A Derivative of Encyclopedia of Inland Waters**. 1. ed. Academic Press, 2009. 411 p.

SAMEOTO, D. *et al.* Collecting zooplankton. *In*: HARRIS, R.; WIEBE, P.; LENZ, J.; SKJOLDAL, H. R.; HUNTLEY, M (Eds.). **ICES Zooplankton Methodology Manual**. Academic Press, 2000. 684 p.

SANTHANAM, P.; PACHIAPPAN, P.; BEGUN, A. Methods of Collection, Preservation and Taxonomic Identification of Marine Phytoplankton. *In:* **Basic and Applied Phytoplankton Biology**. Springer Nature, 2019. p. 1-24.

SANTHANAM, P.; PACHIAPPAN, P.; BEGUN, A. A Method of Collection, Preservation and Identification of Marine Zooplankton. *In*: SANTHANAM, P.; PACHIAPPAN, P.; BEGUN, A. **Basic and Applied Zooplankton Biology**. Springer Nature, 2019. p. 1-44.

SARDET, C. **Plankton, Wonders of Drifting World**. The University of Chicago Press, 2015. 223 p.

SIPAÚBA-TAVARES, L. H.; ROCHA, O. **Produção de Plâncton (Fitoplâncton e Zooplâncton) para Alimentação de Organismos Aquáticos**. RiMa Editora, 2001. 106 p.

SOUTHGATE, P. C. Hatchery and larval foods. *In*: LUCAS, J. S.; SOUTHGATE, P. C.; TUCKER, C. S. **Aquaculture: Farming Aquatic Animals and Plants**. Wiley Blackwell, 2019. 642 p.

WATANABE, T.; KIRON, V. Prospects in larval fish dietetics. **Aquaculture**, v. 124, p. 223-251, 1994.

Capítulo 2

Plâncton

Introdução

O que é *plâncton*? Esta pergunta é feita por Sardet (2015), para apresentar o que ele chama de uma multidão de criaturas vivas flutuando em corpos d'água, uma variedade de vida que está em evolução a milhões de anos, uma vasta comunidade que congrega desde bactérias até organismos uni e multicelulares, cooperando e competindo para sobreviver.

O termo plâncton ou *plankton* (em inglês) tem origem na palavra grega *planktos*, que significa errante ou à deriva (SARDET, 2015; PACHIAPPAN *et al.*, 2019). Segundo a Enciclopédia Britânica (BRITANNICA, 2019), plâncton é um termo coletivo para todos os organismos de água doce ou salgada, sem motilidade ou que possuem um poder de natação fraco contra as correntes, existindo em estado de deriva, incluindo bactérias, microalgas, protozoários, celenterados, moluscos, crustáceos, peixes e representantes de quase todos os filos do reino Animalia, desde as formas mais jovens, como ovos e larvas, a indivíduos juvenis e adultos.

De acordo com Pachiappan *et al.* (2019), a definição de que os organismos planctônicos vão derivar e se deixar levar pela movimentação da água não é estritamente verdade, uma vez que mesmo os menores indivíduos dessa comunidade são capazes de se deslocar por longas distâncias na coluna d'água. Essa migração vertical é tão eficiente que ocorrerá dentro de um curto intervalo de tempo.

O plâncton é bem distinto do *nécton*, já que estes organismos apresentam forte poder de natação, e dos *bentônicos*, que incluem seres que são sésseis, rastejantes ou escavadores no substrato de corpos hídricos (BRITANNICA, 2019).

A principal distribuição dos organismos planctônicos é de acordo com sua classificação biológica, sendo divididos em: bacterioplâncton, fitoplâncton e zooplâncton. Podem ainda ser classificados quanto às suas dimensões, biótopo, distribuição vertical, ciclo de vida e forma de nutrição (este tema será mais bem discutido na seção *Divisões do plâncton*).

Além de componente vital para as teias tróficas dos ambientes aquáticos, a comunidade planctônica também reflete os efeitos da qualidade da água (RISSIK; SUTHERS, 2009). São fonte direta de alimento para grandes espécies de animais e indiretamente para os humanos (BRITANNICA, 2019).

A diversidade da comunidade vai depender das características ambientais, climáticas e geográficas dos ambientes aquáticos, podendo variar ainda de acordo com as estações do ano e a presença de poluentes (SARDET, 2015). Quando temperatura, salinidade e nutrientes forem favoráveis, então temos as condições ideais para a proliferação e o crescimento dos organismos planctônicos.

Antes de dar início às classificações da comunidade planctônica, é necessário comentar um pouco sobre os ambientes aquáticos e suas características, fatores que exercem forte influência no modo de vida, na dinâmica e na formação das subdivisões dos organismos planctônicos.

Ambiente Aquático

Informações gerais

É no ambiente aquático que os organismos planctônicos vão nascer, crescer, se alimentar e ser alimento, reproduzir e, no final de todo o processo, morrer, tornando-se nutriente para outros organismos.

De acordo com Esteves (2011), os ambientes aquáticos apresentam certas características que os tornam peculiares, como, por exemplo:

- Alta capacidade de solubilização de compostos orgânicos e inorgânicos. Dessa forma, os organismos, em particular os autotróficos, podem absorver nutrientes por toda a superfície corporal.
- Formação de gradientes verticais (em algumas situações até horizontais): esta compartimentação se forma através da distribuição desigual de luz, nutrientes, temperatura e gases, logo influenciam diretamente a distribuição dos organismos na água.
- Variação de salinidade ou dissolução de sais, como o baixo teor de sais dissolvidos em ambientes de água doce, fazendo com que a maioria dos organismos limnéticos sejam hipertônicos em relação ao meio, sendo necessárias adaptações à manutenção do equilíbrio osmótico.
- A densidade e a viscosidade da água têm forte representatividade nos mecanismos de locomoção das espécies aquáticas, logo os organismos

desenvolveram estratégias, em forma de adaptações morfológicas e fisiológicas, para reduzir o efeito da resistência do meio.

O ambiente aquático, de acordo com as características individuais, é dividido em Ecossistemas; resumidamente, em Ecossistemas Continentais (de água doce, dulcícolas, limnéticos), Ecossistemas Marinhos e os ambientes de transição, que são os Ecossistemas Estuarinos.

Ecossistemas continentais

Os ecossistemas aquáticos continentais se dividem em dois tipos (LÖFFLER, 2004; ODUM; BARRETT, 2015):

1. *Ambientes lóticos*: aqueles nos quais as águas fluem ou correm (rios e riachos, por exemplo).
2. *Ambientes lênticos*: aqueles com águas paradas – lagos e lagoas, por exemplo.

Quanto à verticalização da coluna d'água em lagos, principalmente os classificados como Holomíticos – por serem profundos o suficiente para permitirem a estratificação –, de acordo com as condições ambientais ou estações do ano, pode-se ter a seguinte distribuição (LÖFFLER, 2004):

♦ *Epilímnio*: é a camada mais superficial, com temperaturas mais elevadas e de livre circulação ou movimentação.
♦ *Metalímnio*: posicionado entre a camada mais aquecida e a mais fria dos lagos, apresenta redução acentuada de temperatura; as termoclinas se formam nesta camada de água.
♦ *Hipolímnio*: a mais profunda das camadas, permanecendo com temperaturas baixas e com menor circulação.

Os ambientes continentais, dada a composição iônica, podem ser: Talasso-halinos, ambientes onde os íons mais comuns são sódio e cloro, ou Atalasso-halinos, ambientes nos quais o magnésio é mais abundante em combinação com cloreto e sulfato (LÖFFLER, 2004).

Ecossistemas marinhos

Fazem parte dos ecossistemas marinhos a *plataforma continental* e os *oceanos*. Na plataforma continental vamos encontrar a Província Nerítica e a Província Oceânica. A Província Nerítica é uma região dos ambientes marinhos com elevada produtividade primária, dada a intensa movimentação das águas na plataforma continental, e em alguns locais do planeta vamos encontrar a ocorrência de zonas de ressurgência. A Província Oceânica é subdividida verticalmente, ou por profundidade, em:

♦ Zona epipelágica: profundidades de até 200 metros.
♦ Zona mesopelágica: profundidades de até 1.000 metros
♦ Zona batipelágica; profundidades de até 4.000 metros.
♦ Zona abissopelágica: profundidades de até 6.000 metros.
♦ Zona hadopelágica: profundidades a partir dos 6.000 metros, estendendo-se até o leito oceânico.

Biologicamente, os oceanos são caracterizados pela disposição dos organismos em relação à coluna d'água. Os organismos bentônicos são aqueles que vivem associados ao substrato, seja sobre o substrato (epifauna) ou dentro dele (infauna). Já os organismos pelágicos são aqueles de movimentação na coluna d'água, ou seja, os organismos planctônicos e nectônicos.

Ecossistemas estuarinos

Ésabido que as zonas costeiras detêm elevado valor ecológico, social e econômico. Nos ambientes costeiros temos os estuários, que tradicionalmente têm atraído o interesse humano. Em suas margens se desenvolveram grandes zonas metropolitanas do mundo (SILVA, 2000).

Pritchard (1989) destaca a complexidade da classificação dos estuários; desde 1951 já havia esforços de pesquisadores para isso. Mais recentemente, Silva (2000) relata o problema na definição de um estuário e na delimitação de sua área. Essa temática já foi abordada por vários autores, que trouxeram conceitos variados.

A palavra *estuário* deriva do latim *aestus*, que significa maré, sendo utilizada para indicar um ambiente onde as águas dos rios se encontram com as águas do mar. Os estuários são ambientes altamente dinâmicos devido às grandes mudanças naturais (MIRANDA *et al.*, 2017).

São ambientes únicos, que compartilham características com os oceanos, lagos e rios, mesmo sendo bem diferentes deles (JORDAN, 2012). São áreas semifechadas onde a água doce continental se mistura em diferentes níveis com as águas salgadas trazidas pelas marés (O'CONNOR, 2010).

Fazendo fronteira com o estuário em áreas com correntes lentas, têm-se alagados intertidais, com os pântanos salgados ocorrendo em regiões de clima temperado e os mangues nas regiões tropicais. São áreas de águas turvas e sedimentos muito finos, em que as taxas de crescimento da vegetação são muito altas e os animais tendem a se alimentar de material depositado (DAY JR *et al.*, 2013).

O estuário é tradicionalmente um ecossistema entre o continente e os oceanos. Complexidade, variabilidade e interferência humana são características de todos os estuários, inclusive em termos biológicos. Em condições normais, os estuários são áreas mais produtivas do que os rios e os oceanos adjacentes, graças à alta concentração de nutrientes e o estímulo à produtividade primária (MIRANDA *et al.*, 2017). Quanto à influência dos grandes estuários, como o Estuário do Rio Amazonas (Brasil) e a Baía de Chesapeake (Estados Unidos), tem-se a promoção de uma diluição significativa das águas oceânicas, além da elevação nas concentrações de nutrientes, produtividade primária e sólidos suspensos, estendendo-se para além dos limites dos estuários até o oceano aberto (JORDAN, 2012).

De acordo com Day Jr *et al.* (2013), a salinidade dos estuários decresce no sentido do oceano para o rio. A partir da mensuração da salinidade, a classificação das águas, da concentração mais elevada para menos concentrada, é (SÁ, 2012):

- Áreas de salinidade elevada, hiperhalinas (> 40 de salinidade ou ppt ou g.L^{-1}).
- Áreas com salinidade média variando entre 30,1 e 40 g. L^{-1} (euhalinas).
- Salinidade entre 16,6 e 30 g. L^{-1}, as polihalinas.
- Águas com variação de salinidade entre 3,1 e 16,5 g.L^{-1}, as mesohalinas.
- Olihalinas, com salinidade variando de 0,5 a 3,0 g.L^{-1},
- Águas com concentrações de sais abaixo de 0,5 g.L^{-1}, as consideradas doces.

A estratificação em estuários vai ocorrer quando massas de água com densidades distintas se encontram formando camadas diferentes, em função da temperatura e da salinidade. Água salgada e fria é mais densa do que água doce e aquecida. Essa característica é importante, inclusive, para os tipos de circulação e mistura de camadas (JORDAN, 2012; MIRANDA *et al.*, 2017):

- Estuários bem misturados: são rasos, recebendo influência dos ventos e correntes oceânicas. O baixo fluxo de água dos rios tende a manter um perfil vertical estável de densidade, com praticamente nenhuma diferença na salinidade entre a superfície e o substrato.

♦ Estuários parcialmente misturados: possuem zonas de estratificação e zonas de mistura quando a energia das marés ou as forças do fluxo do rio quebram os estratos de densidade. Recebe influência da maré.

♦ Estuários de salina: formam-se quando o fluxo do rio supera as forças da maré. Caracterizam-se por uma camada estável de água doce sobre uma camada de água salgada. À medida que se aproxima do mar, a camada de água doce diminui.

♦ Estuários tipo Fjords: águas doces e salobras sobrepõem-se a águas frias e salgadas.

♦ Estuários negativos: como o próprio nome sugere, a água mais afastada do mar apresenta salinidade maior, em decorrência de a evaporação ser maior que o aporte de água doce trazido pelo rio.

A dinâmica trófica formada nos estuários é bem complexa. Primeiro, a quantidade de organismos produtores primários é bem maior que nos oceanos, onde se concentram apenas nos organismos planctônicos. Segundo, nos oceanos, os fitoplanctônicos são consumidos vivos (Teia Alimentar de Pasteio), enquanto nos estuários boa parte dos vegetais, quando consumidos, já tem iniciada a decomposição, formando um detrito orgânico (Teia Alimentar Detrital). Nos estuários ainda temos a Teia Alimentar Microbiana, em que a base são os organismos fitoplanctônicos, que servem de alimento para os zooplanctônicos, e assim sustentam uma série de outros que se alimentam e servem de alimento para organismos maiores (DAY JR. *et al.*, 2013).

Divisões dos ambientes aquáticos

Compartimentos dos ambientes aquáticos

Os ambientes aquáticos, como um lago por exemplo, dividem-se em compartimentos e regiões conhecidos por: Região Litorânea, Região Pelágica (Limnética), Região Profunda e Interface Água-Ar. Nos oceanos, temos essa divisão na forma de províncias, com a Província Nerítica se estendendo desde a região litorânea até a extremidade do talude superior, e a partir desse ponto tem início a Província Oceânica. De acordo com Esteves (2011), essa divisão é apenas didática, uma vez que essas regiões não estão isoladas e apresentam interação constante, dada a troca de matéria, fluxo de energia e movimentação das correntes.

A região litorânea é aquela em contato direto com o ecossistema terrestre adjacente, sofrendo e exercendo influência sobre este. É considerada uma região de transição entre os ambientes. Região pelágica é encontrada em quase todos os ambientes aquáticos, uma zona formada em ambientes com certa profundidade e na qual sofre pouca influência do fundo. Logo abaixo temos a zona profunda, caracterizada pela ausência de organismos fotoautotróficos, em decorrência da ausência de luz. É uma região dependente de matéria de origem alóctone, ou seja, externa a esta. Trata-se de partículas e restos de organismos mortos das zonas superiores que se precipitam em direção ao substrato. Por fim, temos a interface água-ar. Os organismos presentes nessa região são conhecidos como plêuston e nêuston e se adaptaram para viver logo abaixo ou sobre a superfície da água por meio das forças de tensão superficial da água ou mecanismos que promovam a flutuação (ESTEVES, 2011; TUNDISI; TUNDISI, 2011).

Zonação por luminosidade

A interação entre a luz e a água é importante por três razões (DODDS; WHILES, 2010):

1. Luz é necessária para a realização de fotossíntese.
2. Organismos com olhos ou fotossensíveis usam a luminosidade como sensor de localização.
3. Luz aquece a água e promove estratificação térmica.

Nos ambientes aquáticos, a luminosidade não atinge todas as camadas de água da mesma forma. Ela tende a ser atenuada à medida que aumenta a profundidade, uma vez que nem todos os comprimentos de onda da luz conseguem ir tão profundamente, somente os azuis e verdes podem chegar a grandes distâncias em relação à superfície. A atenuação vai ocorrer à medida que a luz é desviada pelas moléculas de água, organismos, partículas e outras matérias presentes na coluna d'água. Mesmo ambientes aparentemente claros não são completamente transparentes (GARRISON, 2016).

Em ambientes eutrofizados, dada a grande presença de microrganismos, altas concentrações de compostos orgânicos dissolvidos e material inorgânico em suspensão, há mais itens para absorver ou refletir luz, logo esta tende a não alcançar grandes profundidades. Do lado oposto, temos os ambientes com baixa produtividade, conhecidos como oligotróficos, em que pouquíssimo material vai estar em suspensão e, dessa forma, a luz pode alcançar grandes profundidades ou até mesmo o substrato, de acordo com a profundidade local (DODDS; WHILES, 2010).

Dessa forma cria-se uma divisão dos ambientes aquáticos quanto à disponibilidade de luz: zonas eufóticas, zonas disfóticas e zonas afóticas.

Zonas eufóticas ou *fóticas*, como a própria designação diz, trata-se da região dos ambientes aquáticos onde a luz penetra na coluna d'água, até sua atenuação, a 1% desse potencial (GARRISON, 2016; TUNDISI; TUNDISI, 2011). Nessa região vai estar concentrada a produtividade primária dos ambientes aquáticos, uma vez que nela estarão presentes os organismos fotossintetizantes, a base da produtividade primária e das teias tróficas nos ecossistemas aquáticos. O tamanho da zona fótica vai variar de acordo com a profundidade e as características físico-químicas e biológicas de cada ambiente, seja ele continental ou oceânico.

Formada pelo 1% restante de luz temos a *zona disfótica*, onde a luz não apresenta nitidez. Esta zona é também chamada de *profundidade de compensação*, uma vez que a produtividade primária nela é zero (FALKOWSKI; RAVEN, 2007). Logo abaixo, temos a *zona afótica*, caracterizada pela completa ausência de luz.

Zonação por temperatura

A maior incidência de luz nas camadas superiores das águas cria, de acordo com a profundidade, gradientes de temperatura. Pela relação inversamente proporcional se forma um gradiente de densidade da água também (RAYMONT, 1980).

Por conta dessa relação entre densidade, temperatura e salinidade, ocorre a formação de novas zonas dentro dos ambientes aquáticos. De acordo com Garrison (2016), a partir de determinada densidade temos a seguinte compartimentação dos ecossistemas aquáticos:

♦ Zona de superfície ou camada de mistura: é a camada mais superior, com salinidade e temperatura quase constantes, dada a movimentação das massas de água por ação das ondas e das correntes de superfície, que propagam o calor e difundem a salinidade para camadas inferiores. Dependendo da condição local, esta camada pode se estender de 150 a até 1.000 metros, ou até mesmo inexistir.

♦ Picnoclina: zona em que a densidade da água aumenta rapidamente com a profundidade, ficando em uma faixa intermediária entre a zona de superfície e a zona profunda.

♦ Zona profunda: posiciona-se logo abaixo da picnoclina. De acordo com as características locais, poderá ser localizada em profundidades de cerca de 1.000 metros, sendo a maior das três camadas. A densidade vai apresentar pouca variação nesta zona.

A formação de picnoclina tem relação direta com a formação de outra zona dos ambientes aquáticos, conhecida como Termoclina. Semelhante à picnoclina, mas de forma inversa, a termoclina é uma zona ou camada do ambiente aquático onde a temperatura decresce rapidamente à medida que se aumenta a profundidade, com redução incrível de 5°C a cada 100 metros (RAYMONT, 1980). Acima da termoclina temos a mesma camada de mistura com temperaturas mais elevadas e homogêneas. Imediatamente em seguida temos a zona profunda, com as temperaturas mais frias.

Com a formação da Termoclina, a redução drástica da temperatura é a principal razão da existência de Picnoclina, tendo formatos distintos de acordo com as áreas e latitudes (GARRISON, 2016).

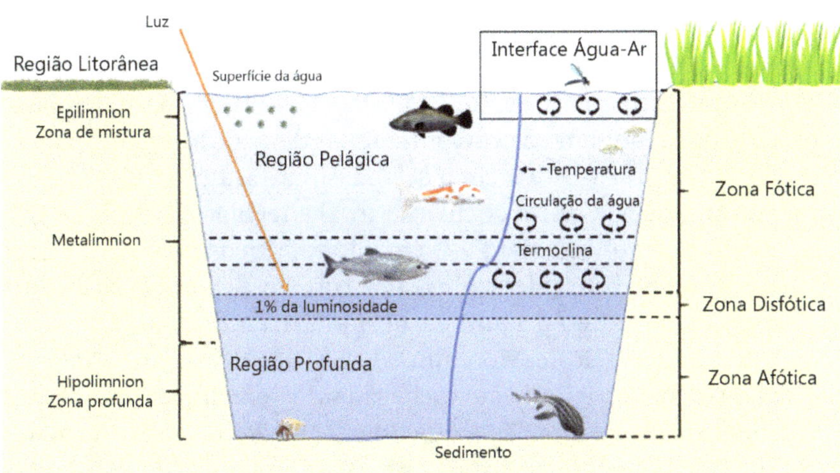

Figura 2.1 Zonas dos ambientes aquáticos em relação à temperatura, disponibilidade de luz e divisões da estrutura vertical. *Fonte*: Autor.

Zonação por salinidade

Outra das divisões dos ambientes aquáticos é por variação de salinidade e formação de Haloclina. O sal contido na água (água do mar) é indicado através da medição da salinidade, definida pela quantidade em gramas de sais dissolvidos em um quilograma de água. Nos oceanos, as salinidades vão variar entre 34 e 37 gramas de sais por litro de água (BYRNE; MACKENZIE; DUXBURY, 2020).

Em regiões mais frias sujeitas a precipitações frequentes e ao longo da costa, onde águas continentais se misturam com águas superficiais marinhas, a baixa salinidade desse aporte de água vai ajudar a formar a Haloclina (GARRISON, 2016). Haloclina é uma zona na coluna da água na qual a salinidade aumenta rapidamente de acordo com a profundidade, localizando-se abaixo da zona de mistura (BRITANNICA, 1998).

As Haloclinas geralmente coincidem com as Termoclinas, e a combinação das duas formam Picnoclinas pronunciadas (GARRISON, 2016).

Movimentação e circulação

Seiches

A movimentação da água superficial em lagos, pela ação dos ventos, faz com que esta seja reposta por uma nova massa de água, que estava imediatamente abaixo. Esse processo cria um padrão de circulação em espiral conhecido como células de circulação de Langmuir (DODDS; WHILES, 2010). Nesse padrão de circulação, a substituição das massas superficiais por camadas abaixo cria zonas de subida e de descida de materiais e organismos.

De acordo com Tundisi e Tundisi (2011) e Löffler (2004), os lagos e reservatórios podem ser categorizados, de acordo com o padrão térmico, a estratificação e a circulação das massas de água, em:

- ◆ Monomíticos: Ocorre circulação total e regular em determinada época do ano. Subdivide-se em Monomíticos Quentes (o lago esfria até próximo de 4°C no inverno, apresenta estratificação térmica ao longo do ano e, mesmo esfriando, não apresenta cobertura de gelo) e Monomíticos Frios (a temperatura da água não ultrapassa os 4°C até a chegada do verão, quando ocorre o aquecimento, e provoca a movimentação das camadas de água);
- ◆ Dimíticos: Dois períodos de circulação anual.
- ◆ Polimíticos: Apresentam várias circulações ao longo do ano.

♦ Meromíticos: Não apresentam circulação completa, possuindo uma camada que permanece sem circulação conhecida como Monimolímnio. Acima desta camada encontramos a Mixolímnio, onde a circulação ocorre livremente.

Adicionalmente à circulação de Langmuir, a presença de ondas de pequena escala faz com que a mistura da água também possa ocorrer em todo o volume do lago. Quando há a ocorrência de um vento sustentado, este faz com que a água se acumule no lago em uma margem/região a favor do direcionamento do vento; quando este cessa de repente, a superfície do lago se agita. Quando esse movimento atinge toda a superfície, até determinada profundidade, é chamado de Seiche (DODDS; WHILES, 2010).

Ainda de acordo com os autores, outro fenômeno de movimentação que ocorre em ambientes com estratificação térmica são circulações internas chamadas de seiches internos. Os seiches internos vão ocorrer quando ventos intensos deslocam as águas do Epilímnio na direção do vento. Isso faz com que as águas do Hipolímnio subam em direção à superfície. Quando os ventos cessam, o Epilímnio, por ser menos denso, retorna à posição anterior, deslocando o Hipolímnio para sua posição original. Dessa forma, o plano superficial de lagos e represas está aparentemente calmo, porém na junção entre as camadas, principalmente sobre o Hipolímnio, a água continuará em oscilação, podendo permanecer nessa condição por horas ou até mesmo dias. Este cenário de circulação tem implicações biológicas importantíssimas, dado o deslocamento de diversos organismos.

Correntes oceânicas

Os ventos vão ser a principal força motriz para o deslocamento das massas de água de superfície, criando correntes de movimentação de água tanto em ambientes continentais como em ambientes oceânicos (Figura 2.2).

Nos oceanos, temos dois tipos de correntes: superficiais e termohalinas. As correntes superficiais são geradas pela ação do vento próximo à superfície do oceano; já as correntes termohalinas são dependentes das diferenças de densidade da água por variação de salinidade e temperatura. São correntes bem lentas, em camadas mais profundas, e afetam uma vasta área logo abaixo da Picnoclina. Ambas as correntes exercem influência sobre a temperatura, o clima e a produtividade primária no planeta (GARRISON, 2016).

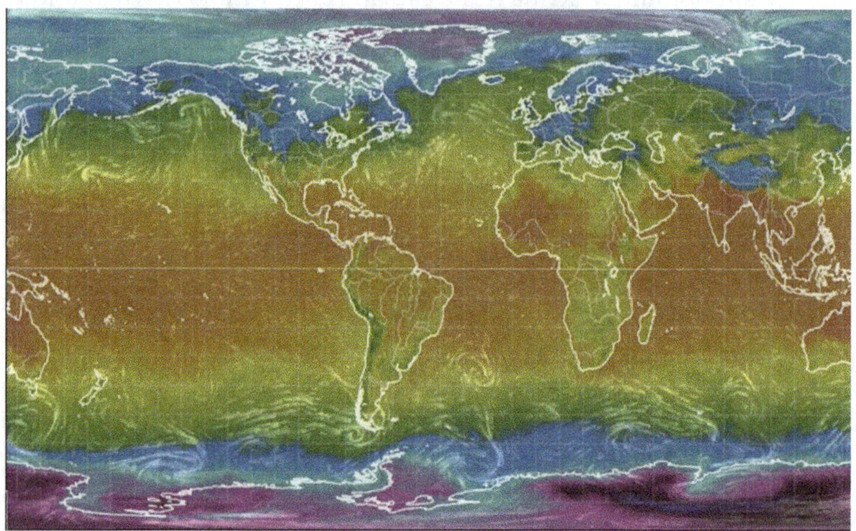

Figura 2.2 Projeção criada pelo *Global Forecast System* (GFS), do *National Centers for Environmental Information* (NOAA), EUA, sobre circulação dos ventos no mundo; esses movimentos dão origem às correntes de superfície. Como plano de fundo têm-se as projeções das temperaturas das regiões do globo *Fonte*: NOAA. (Disponível em: https://earth.nullschool.net. Acesso em:14 de abr. 2021.)

Duas forças ou fenômenos que também têm impacto nos movimentos ou no padrão de circulação das camadas nos ambientes aquáticos são a Espiral de Ekman e a Força de Coriolis. Esses dois padrões de circulação, em conjunto com o deslocamento das massas de água, fazem com que a água circule por boa parte da coluna de água.

Com o aquecimento solar desigual e a rotação da Terra, o ar ou a água são defletidos para longe do seu curso original, e esse deslocamento faz com que o ar ou a água (ou objeto) se curve levemente em relação à trajetória inicial. No Hemisfério Norte, essa curvatura é realizada para a direita, ou sentido horário; já no Hemisfério Sul, a curva é direcionada para a esquerda, ou sentido anti-horário. Essa é a Força de Coriolis (GARRISON, 2016). O autor ainda destaca que a força não provoca ventos, apenas tem influência na direção.

As massas de água superficiais são deslocadas por ação dos ventos em um ângulo de 45° para a direita, no Hemisfério Norte, ou para a esquerda, no Hemisfério Sul (TUNDISI; TUNDISI, 2011). A camada posicionada logo abaixo é deslocada por ação da camada acima, e esse movimento segue por até aproximadamente 100 metros de profundidade em latitudes médias. Dessa forma, esse deslocamento angular cria um movimento, em forma de redemoinho, conhecido como Espiral de Ekman. A partir desse deslocamento em espiral, temos a profundidade de atrito, uma profundidade na qual a massa de água, dada a continuidade do movimento da Espiral de Ekman, vai se deslocar no sentido oposto ao observado na superfície (GARRISON, 2016).

Outro movimento importante que ocorre nos oceanos é conhecido como Ressurgência (*Upwelling*, em inglês), ou Zonas de Ressurgência. A maioria dessas zonas se dá quando ventos e correntes apontam na mesma direção, paralelos à costa. São caracterizadas pela subida de camadas inferiores de água em direção à superfície, que em um movimento ascendente faz ressurgir nutrientes para as camadas superiores. Assim aumenta o aporte de nutrientes na região, favorecendo o desenvolvimento de organismos produtores primários e incentivando toda uma teia trófica em torno desse movimento. Não é um fenômeno contínuo, variando de acordo com as condições locais e, em alguns lugares, com a sazonalidade (RAYMONT, 1980). As zonas de ressurgência são conhecidas por serem áreas de excelente produtividade pesqueira, dada a diversidade de espécies que buscam essas regiões para alimentação. As principais zonas de ressurgência podem ser encontradas na parte ocidental dos continentes (ODUM; BARRETT, 2015).

Divisões do plâncton

Informações gerais

O termo plâncton refere-se a uma biota aquática de pequenos organismos, que medem desde micrômetros a centímetros e derivam de acordo com as correntes da água. São organismos distintos, desde bactérias até águas-vivas (RISSIK; SUTHERS, 2009).

O movimento orientado, geralmente na vertical, e variáveis físicas, como a diferença na luminosidade e na densidade da água, resultam em estratificação ou acomodação de certos organismos em camadas de água distintas. Essa elevada aglomeração de organismos em camadas, muitas vezes, se estendem tanto vertical como horizontalmente, oferecendo um aspecto semelhante ao de manchas na água (PAFFENHÖFER, 2009).

Como já citado anteriormente, os organismos planctônicos vão se subdividir em categorias de acordo com o tamanho corporal (dimensões), com o tipo de ambiente que habitam (biótopo), regiões dos ambientes aquáticos em que irão se instalar, distribuição na coluna d'água, seus ciclos vitais e, por fim, o tipo de nutrição.

Dimensões

Tamanho, nos ambientes aquáticos, é mais importante do que em ecossistemas terrestres, pois na água a maioria dos vegetais é bem pequena (MULLIN, 2010).

De fato, o plâncton pode ser subdividido em sete categorias, de acordo com o tamanho (REDDEN *et al.*, 2009; MULLIN, 2010; PACHIAPPAN *et al.*, 2019; SANTHANAM; PACHIAPPAN; BEGUM, 2019):

- Femtoplâncton (0,02 a 0,2 μm), que tem os vírus marinhos como principais representantes.
- Picoplâncton (0,21 a 2 μm), essencialmente formado por bactérias.
- Nanoplâncton: organismos com tamanho entre 2,1 e 20 μm.
- Microplâncton: espécies com tamanho variando entre 20,1 e 200 μm.
- Mesoplâncton: organismos visíveis a olho nu, com dimensões que variam de 0,2 mm a 20 mm.
- Macroplâncton: inclui organismos facilmente visíveis, com tamanhos entre 2 e 20 cm.
- Megazooplâncton: organismos cujo tamanho é superior a 20 cm.

Biótopo

Os organismos planctônicos podem ser classificados de acordo com o ambiente onde habitam, ou seja, ambientes de água doce (salinidade abaixo de 0,5) ou marinhos (presença de salinidade).

Dessa forma temos as seguintes categorias (PACHIAPPAN *et al.*, 2019):

- Haliplâncton, ou plâncton marinho, habita a plataforma continental, os oceanos e ambientes com água salobra.
- Limnoplâncton, ou plâncton de água doce, com salinidade zero.

Tundisi e Tundisi (2011) descrevem de forma mais detalhada os organismos planctônicos residentes em corpos hídricos continentais, em função dos ambientes onde habitam:

- Organismos que vivem em lagos são conhecidos como limno-plâncton.

♦ Organismos que vivem em pequenos corpos hídricos ou lagoas são considerados heleoplâncton.

♦ Habitantes de rios são conhecidos como potamoplâncton.

Distribuição na coluna d'água

Temos a seguinte classificação dos organismos planctônicos quanto a suas posições na coluna d'água, ou seja, quanto à distribuição vertical (SANTHANAM; PACHIAPPAN; BEGUM, 2019):

♦ Plêuston: vive na interface ar-água, sobre a superfície.

♦ Nêuston: vive na interface água-ar, alguns milímetros abaixo da superfície.

♦ Plâncton epipelágico: vive a até 300 m de profundidade e se subdivide em (a) plâncton epipelágico superior, vivendo a até 150 m de profundidade, e (b) plâncton epipelágico inferior, que vive de 150 a 300 m de profundidade.

♦ Plâncton mesopelágico: vive entre 300 e 1.000 m de profundidade e se subdividi em (a) plâncton mesopelágico superior (300 a 700 m) e plâncton mesopelágico inferior (700 a 1.000 m).

♦ Plâncton batipelágico: habita regiões com profundidades entre 1.000 e 3.000 m.

♦ Plâncton abissopelágico: vive entre 3.000 e 4.000 m de profundidade.

♦ Plâncton epibentônico: vive sobre o substrato ou fundo do corpo hídrico.

Ciclo de vida

De acordo com o ciclo de vida, os organismos planctônicos estão divididos em duas categorias: os *holoplanctônicos* e os *meroplanctônicos* (SANTHANAM; PACHIAPPAN; BEGUM, 2019).

Os holoplanctônicos são organismos que durante todo o ciclo de vida podem ser classificados como planctônicos; como é o caso das bactérias, microalgas, rotíferos e copépodos, por exemplo. São considerados meroplanctônicos os organismos que em apenas parte do ciclo de vida se manifestam como planctônicos. O principal exemplo desta categoria são as larvas de peixes, que logo que ultrapassam esse estágio larval já integram a comunidade nectônica, e algumas larvas de invertebrados bentônicos, que também vão compor temporariamente a comunidade planctônica (MULLIN, 2010; PACHIAPPAN *et al.*, 2019).

Tipo de nutrição

Por fim, temos a classificação por mecanismos de nutrição, ou classificação trófica, dos organismos que fazem parte do plâncton. Seguindo essa classificação, os organismos podem ser *autótrofos* (autotróficos) ou *heterótrofos* (heterotróficos).

Autótrofos são organismos capazes de realizar a biossíntese dos constituintes celulares a partir do dióxido de carbono, obtendo energia da luz e de compostos inorgânicos (MADIGAN; MARTINKO; PARKER, 2004). Para Rusch (2016), seres autotróficos são os organismos que utilizam fontes inorgânicas de carbono para a biossíntese. Já os organismos heterotróficos são aqueles que obtêm carbono a partir de fontes orgânicas, ou seja, a partir do consumo de outros organismos.

Segundo Pedrós-Alió (1989), é possível classificar os organismos em três sistemas tróficos diferentes:

- De acordo com a fonte de energia: fototróficos (energia a partir da luz) e quimiotróficos (energia a partir de reações químicas exergônicas).
- De acordo com a fonte de elétrons: organotróficos (usam elétrons a partir da matéria orgânica) e litotróficos (usam elétrons de compostos inorgânicos).
- De acordo com a fonte de carbono: autotróficos (usam o dióxido de carbono como fonte) e heterotróficos (usam a matéria orgânica como fonte).

Dessa forma, os vegetais estariam classificados como *fotolitoautotróficos* e os animais como *quimiorganoheterotróficos* (PEDRÓS-ALIÓ, 1989).

Já Raven e Maberly (2009) acreditam que os autotróficos podem ser melhor definidos subdividindo as categorias da seguinte forma:

- Fotolitótrofos: Seres que obtêm energia para crescimento e respiração celular da radiação eletromagnética. O carbono é obtido de fontes inorgânicas, sendo este processo realizado por meio da fotossíntese. O fitoplâncton faz parte dessa categoria, sendo que alguns fitoplanctônicos, por serem incapazes de usar carbono orgânico externo como fonte suplementar ou única de energia e de carbono, tem essa condição denominada de fotolitotrofia obrigatória.

♦ Quimiorganótrofos: Organismos que necessitam de fontes orgânicas de carbono para o crescimento e manutenção.

♦ Mixótrofos: Organismos que combinam a fotolitotrofia e a quimiotrofia.

Classificação biológica

Informações gerais

Biologicamente, os organismos planctônicos se dividem em três categorias principais: Bacterioplâncton, Fitoplâncton e Zooplâncton. Como se verá, trata-se de três modos tróficos e de estratégias de vida bem distintos.

Os fitoplanctônicos, por exemplo, como organismos autotróficos, estão aptos a realizar fotossíntese e apresentam pouca ou nenhuma mobilidade. Já os organismos que formam o zooplâncton possuem boa mobilidade e o metabolismo é heterotrófico, baseado na alimentação raptorial de fitoplâncton ou de outros membros do zooplâncton. Por fim, o bacterioplâncton é composto por organismos procarióticos com uma forma heterotrófica de metabolismo, baseado na ciclagem da matéria orgânica originada a partir dos outros dois componentes do plâncton (PEDRÓS-ALIÓ, 1989).

Antes de tratarmos das três categorias de organismos planctônicos, falaremos um pouco sobre *produtividade nos ambientes aquáticos*.

Produtividade nos ambientes aquáticos

A produtividade dos organismos é definida pelos termos produtividade primária, produtividade secundária, terciária e assim por diante, sendo expressas em unidades por tempo (hora, dia ou anos, por exemplo). A produtividade primária é representada pelos organismos autotróficos, fixadores de dióxido de carbono pela fotossíntese. Da produtividade secundária fazem parte os organismos herbívoros; e encaixam-se na terciária os organismos carnívoros que irão se alimentar dos herbívoros (PARSONS; TAKAHASHI; HARGRAVE, 1984). A taxa em que a biomassa é produzida, por unidade de área, pelos produtores primários pode ser expressa em unidade de energia (J/m^2) ou de matéria seca (kg/ha/ano) (TOWNSEND; BEGON; HARPER, 2010).

A produtividade é caracterizada pelas seguintes definições (TOWNSED; BEGON; HARPER, 2010; SIGMAN; HAIN, 2012):

♦ Produtividade Primária Bruta (PPB) é a taxa total de carbono orgânico produzido por organismos autotróficos ou a fixação total de energia pela fotossíntese.

♦ Produtividade Primária Líquida (PPL) é a PPB menos a respiração dos autotróficos. Neste caso, a respiração celular é a quantidade de energia de que os autotróficos necessitam para manutenção e funcionamento do próprio organismo, e a partir da PPL que vai formar a biomassa dos organismos produtores primários e o que pode ser consumido pelos organismos heterotróficos.

♦ Produção Secundária (SP) refere-se à produção de biomassa dos heterotróficos. Apenas uma parte da matéria orgânica consumida pelos organismos heterotróficos é usada no crescimento, a maioria retorna na forma de carbono inorgânico dissolvido que pode ser reutilizado pelos autotróficos.

O plâncton que atua na produção primária é principalmente o fitoplâncton, enquanto na secundária é o zooplâncton. Ambos apresentam significância ecológica superlativa nas teias tróficas que suportam. Como elos nas cadeias de alimentação e indicadores de qualidade das massas de água, constituem a maior e mais confiável fonte de proteínas em lagos, rios, oceanos e estuários para as espécies que os consomem (PACHIAPPAN *et al.*, 2019).

De acordo com Tundisi e Tundisi (2011), os produtores primários em ecossistemas aquáticos podem ser autótrofos fotossintetizantes e os quimiossintetizantes (utilizam energia liberada de reações químicas). Logo, temos os seguintes organismos como produtores primários nos ambientes aquáticos: fitoplâncton; macrófitas aquáticas; perifíton; macrofitobentos; epífitas; e bactérias foto e quimiossintetizantes.

Como já citado anteriormente, o tamanho individual é importante para a comunidade planctônica, tendo consequências diretas em muitos processos fisiológicos, incluindo a assimilação de compostos dissolvidos na água (REDDEN *et al.*, 2009).

De acordo com Sterner (2009), a herbivoria nos ecossistemas aquáticos é distinta da herbivoria que ocorre em ambientes terrestres em virtude dos seguintes fatores:

♦ Devido ao menor tamanho em comparação com os seus consumidores e o curto tempo de vida, os produtores primários nos sistemas planctônicos não podem lançar mão de defesas químicas tão facilmente.

♦ Em contraste com os ecossistemas terrestres, os herbívoros planctônicos, invariavelmente, são maiores que as presas que consomem.

Segundo Redden *et al.* (2009), os fitoplanctônicos de menor tamanho apresentam uma vantagem competitiva em ambientes de baixa concentração de nutrientes, porque sua razão área de superfície por volume (área:volume) é maior do que a dos grandes fitoplanctônicos. Essa vantagem facilita a condução dos nutrientes através da membrana celular. Os grandes fitoplanctônicos vão ser abundantes em períodos de picos/aumentos de nutrientes, ou seja, de acordo com a sazonalidade ou por adições pontuais de nutrientes.

Parte substancial da produtividade primária em ecossistemas aquáticos vai estar localizada na zona eufótica (até 1%), logo os organismos fotossintetizantes necessitam estar localizados/posicionados o mais próximo possível da superfície, para fazer o máximo uso do potencial da energia luminosa (TUNDISI; TUNDISI, 2011). De acordo com os mesmos autores, a zona disfótica – camada de água com luminosidade de 1% – também é conhecida como *zona de compensação*.

A parte superficial de um ambiente aquático é a região na qual a *produção* vai ser maior que a *respiração* (P/R > 1). Logo abaixo temos a zona de compensação, ou profundidade de compensação, na qual produção e respiração equivalem (P/R = 1). E imediatamente abaixo desta temos a zona profunda, marcada pela ausência de luminosidade (zona afótica) e com a respiração sendo superior à produção (P/R < 1) (ODUM; BARRETT, 2015).

Na clássica cadeia trófica, verificava-se o simples fluxo de matéria e energia saindo dos organismos produtores em direção aos níveis superiores da cadeia, ou seja, um fluxo em linha. Esse modelo ficou obsoleto, dado o estudo mais aprofundado e a importância que outros organismos, como o bacterioplâncton, passaram a adquirir. Atualmente, aceita-se que o fitoplâncton não é integralmente consumido pelo zooplâncton fitófago (herbívoro). Na verdade, o fitoplâncton faz parte de um ciclo conhecido como *loop* microbiano (ou alça microbiana), integrando este ciclo antes mesmo de estar disponível aos consumidores (REDDEN *et al.*, 2009).

Ainda segundo Redden *et al.* (2009), os primeiros organismos da alça microbiana que se envolvem na ciclagem da matéria na coluna d'água são bactérias, flagelados heterotróficos e ciliados (Figura 2.3). As bactérias vão utilizar a Matéria Orgânica Particulada (POM, do inglês *Particulate Organic Matter*) e a Matéria Orgânica Dissolvida (DOM, do inglês *Dissolved Organic Matter*) resultantes das excretas e organismos em decomposição, presentes nos ambientes aquáticos, convertendo esse material em Nutrientes Inorgânicos Dissolvidos (DIN, do inglês *Dissolved Inorganic Nutrients*) e tornando-os disponíveis para o fitoplâncton. Esse processo é particularmente importante em regiões quentes e com pouca disponibilidade de nutrientes na água, onde os microrganismos rapidamente e de forma extremamente eficiente reciclam a matéria e reduzem a quantidade de matéria orgânica que sedimenta ao longo da coluna d'água.

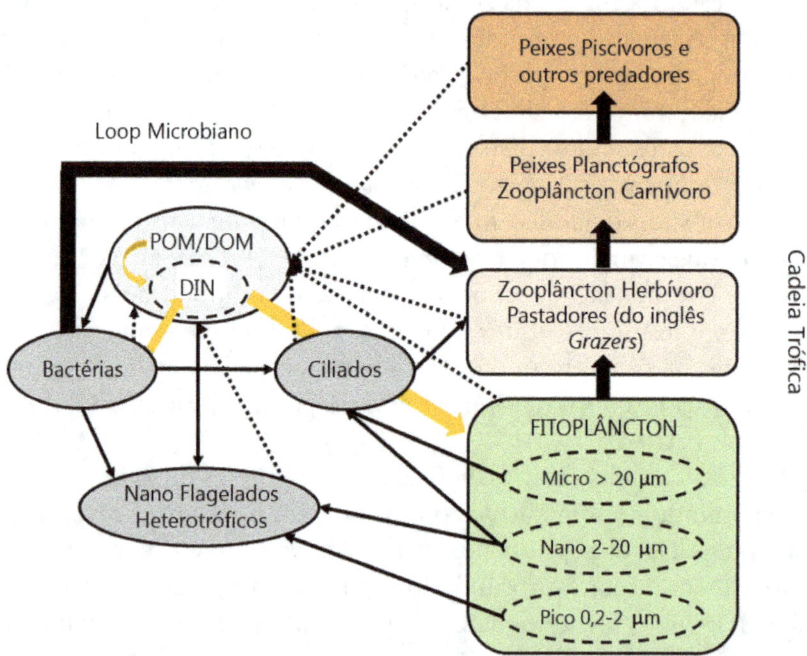

Figura 2.3 Cadeia trófica generalizada na qual se exibe, à direita, a cadeia trófica clássica dos ambientes aquáticos e a alça microbiana à esquerda. As setas pretas indicam o fluxo da cadeia; setas segmentadas apontam o retorno para a formação da POM (Matéria Orgânica Particulada) e da DOM (Matéria Orgânica Dissolvida) na forma de excretas e organismos mortos. Setas amarelas exibem a formação dos DIN (Nutrientes Inorgânicos Dissolvidos) e o fluxo em direção aos fitoplâncton (Fonte: Modificado de REDDEN *et al.*, 2009).

Bacterioplâncton

O bacterioplâncton é formado por organismos procarióticos, unicelulares, que medem menos de 1 μm. São os menores organismos autônomos nos oceanos (DUCKLOW, 2009). Individualmente, as bactérias podem medir poucos micrômetros, mas algumas espécies formam filmes ou filamentos que podem chegar a alguns milímetros ou um pouco mais que isso (SARDET, 2015).

As bactérias vão estar envolvidas no processo de decomposição da matéria orgânica, sendo consideradas os principais agentes de utilização e oxidação de matéria orgânica dissolvida (Figura 2.3). De acordo com Townsend, Begon e Harper (2010), o processo de imobilização é realizado pelos organismos fotossintetizantes e se trata da incorporação de nutrientes inorgânicos em uma forma orgânica na presença de energia, neste caso a energia que provém do sol. Inversamente, temos o papel executado pelas bactérias na realização da decomposição, em que, através da liberação de energia, nutrientes químicos são mineralizados, ou seja, trata-se da conversão de compostos orgânicos em uma forma inorgânica.

É o bacterioplâncton que dá início ao *loop* microbiano nos ambientes aquáticos, uma vez que são os principais agentes a utilizar e oxidar a matéria orgânica dissolvida. Dessa forma, são essenciais para a ciclagem de nutrientes e para a teia trófica (DUCKLOW, 2009). Porém, não será somente na mineralização de nutrientes de volta à coluna d'água que as bactérias estarão envolvidas, elas têm como papéis adicionais ser fonte de alimento e estoques orgânicos de carbono (ROBARTS; CARR, 2009).

A primeira fonte de carbono utilizada pelas bactérias provém do fitoplâncton, na forma de subprodutos resultantes do metabolismo da fotossíntese ou simplesmente pela morte desses organismos. O Carbono Orgânico Dissolvido (COD, ou DOC, do inglês *dissolved organic carbon*) produzido pelos fotossintetizantes é composto por açúcares simples e são rapidamente mineralizados pelas bactérias. Em contrapartida, as fontes de carbono alóctones (externas ao ambiente) são formadas por compostos de elevado peso molecular, o que não é rapidamente decomposto (ROBARTS; CARR, 2009). Ainda segundo os mesmos autores, as bactérias, para decompor as fontes alóctones, secretam as chamadas Enzimas Ativas Extracelulares ou Exocelulares (EEA). O papel dessas enzimas será o de iniciar a degradação de macromoléculas orgânicas, transformando-as em compostos menores que possam ser mais facilmente absorvidos pelas células bacterianas. Os autores destacam ainda que por meio desse mecanismo é possível quantificar as taxas de assimilação de matéria orgânica e o crescimento bacteriano.

Bacterivoria é o termo usado para denominar o consumo de bactérias. A bacterivoria é completa no ambiente aquático com a alça microbiana, em que as células bacterianas são ingeridas por uma grande diversidade de predadores, compostos principalmente por protozoários (DUCKLOW, 2009). A bacterivoria, junto com parasitismo e a taxa de sedimentação, provocam perdas na comunidade bacteriana, logo são fatores que exercem grande influência na dinâmica do bacterioplâncton nos ecossistemas aquáticos (ROBARTS; CARR, 2009).

Organismos maiores não vão ser eficientes em se alimentar do bacterioplâncton, exceto quando este encontra-se ligado a partículas orgânicas ou pelo desenvolvimento de aparatos que facilitem a captura, como, por exemplo, os mecanismos desenvolvidos pelos larváceos, pequenos tunicados pelágicos que se utilizam de uma estrutura similar a uma rede, composta por muco e que promove a adesão das bactérias. É pelo consumo que a energia produzida pelas bactérias chega aos níveis tróficos superiores, seguindo uma ordem crescente de ingestão. Primeiro, pequenos protozoários se alimentam das bactérias; em seguida, estes são alimentos de protozoários maiores e outros organismos zooplanctônicos. Nesse consumo ascendente ao longo da cadeia trófica, ocorrerá uma relativa perda metabólica em cada segmento (DUCKLOW, 2009).

A comunidade bacteriana dos ambientes aquáticos, principalmente em corpos de água continental, já é afetada naturalmente por variações na sua composição, produção e abundância, de forma sazonal, como acontece com os outros organismos planctônicos. Porém, mudanças climáticas e a ação humana podem levar a alterações ainda mais sensíveis. O uso de compostos químicos desenvolvidos pelo homem pode afetar o metabolismo e a diversidade do bacterioplâncton.

Outros dois problemas envolvem o uso de antibióticos e a presença de metais pesados. No primeiro caso, dada a detecção de concentrações mínimas desses compostos na água, algumas bactérias podem ter a sua produtividade inibida, enquanto outras não. Da mesma forma com os metais pesados, dada a exposição constante, a comunidade bacteriana pode sofrer alterações a ponto de algumas espécies se tornarem resistentes (ROBARTS; CARR, 2009).

Fitoplâncton

Fitoplâncton ou microalgas são organismos que dependem dos mecanismos de circulação e movimentação das correntes nos ambientes aquáticos, vivendo nas camadas d'água mais iluminadas e realizando fotossíntese (MARAÑÓN, 2009).

Os fitoplanctônicos contêm pigmentos fotossinteticamente ativos, como a clorofila, que lhes permitem usar a energia da luz do sol para converter o dióxido de carbono em moléculas orgânicas complexas, como carboidratos e proteínas. São a base da cadeia trófica e da produtividade em ambientes aquáticos (RISSIK; SUTHERS, 2009).

A fotossíntese é executada por membranas especializadas nas bactérias e pelos cloroplastos nas microalgas. Os cloroplastos são organelas que contêm vários pigmentos, dentre eles a clorofila (SARDET, 2015).

Uma vez que o fitoplâncton depende diretamente da luz do sol para a realização da fotossíntese, essa categoria de plâncton vai ocorrer quase inteiramente desde a superfície até profundidades entre 50 e 200 m (nos oceanos), dependendo da extensão da zona eufótica. Nutrientes como nitrato e fosfato são incorporados às células por meio da fotossíntese e retornam ao ambiente na forma de excretas ou sendo remineralizados como matéria orgânica morta (detrito particulado). À medida que esse processo ocorre e o detrito vai afundando, a captação de nutrientes e a regeneração vão acontecendo parcialmente separados na vertical. Onde e quando ocorre de forma mais ativa a fotossíntese, em associação à baixa circulação das camadas de água próximo à superfície, forma-se uma camada com baixa concentração de nutrientes separada de outra camada abundante em nutrientes a certa distância abaixo da zona eufótica, conhecida como *nutriclina* (camada onde a concentração de nutrientes aumenta rapidamente com a profundidade). A nutriclina e a picnoclina são extremamente determinantes para a abundância e a produtividade dos organismos fitoplanctônicos (MULLIN, 2010).

A concentração de fitoplanctônicos na água também pode informar sobre a saúde ambiental dos corpos hídricos administrados e, assim, haverá a possibilidade de tomar medidas de correção. Algumas espécies fitoplanctônicas são capazes de produzir substâncias tóxicas e perigosas para os seres que entram em contato com elas, inclusive os humanos. O acesso a essas substâncias, por vezes, pode ocorrer de forma indireta através de um vetor, quer seja ele um peixe ou outro organismo. Logo, se faz necessário o conhecimento das espécies que estejam presentes nos ambientes, principalmente as espécies que causam florações ou *blooms* (RISSIK; SUTHERS, 2009).

Os organismos fitoplanctônicos serão melhor discutidos no Capítulo 3 deste livro.

Zooplâncton

De acordo com Esteves (2011), zooplâncton é uma terminologia generalizada para animais de categorias sistemáticas distintas que têm na coluna d'água seu habitat principal.

Tanto em lagos como no mar, o zooplâncton é composto de minúsculos animais que permanecem em suspensão na coluna d'água, uma vez que o poder de natação não é forte o suficiente para se oporem às correntes de água. A natureza única do zooplâncton decorre das peculiaridades do habitat, que obrigam os animais a levar uma vida nômade (GLIWICZ, 2004).

No geral, em se tratando de plâncton, quanto menor for o organismo, mais curto será seu ciclo de vida (REDDEN *et al.*, 2009). Ciclos de vida curto, forma partenogenética de reprodução, pequenos no tamanho do corpo, com estruturas corporais translúcidas, o modo como se locomovem e os meios distintos como coletam os alimentos são decorrência da simplicidade e instabilidade das camadas de água, tanto quanto da natureza dos recursos alimentares, sejam estes fitoplâncton, bactérias ou detritos em suspensão na coluna d'água (GLIWICZ, 2004).

Os organismos zooplanctônicos vão se alimentar por dois métodos distintos: por filtração ou de maneira raptorial. No primeiro método, diferentes mecanismos são utilizados para induzir a água a passar por uma estrutura que vai selecionar as partículas a serem consumidas. Já no segundo método, o animal vai agarrar sua presa individualmente, podendo esta ser um organismo fitoplanctônico (diatomáceas, por exemplo) ou outro animal, desde que seu tamanho seja inferior ao do predador. Esses métodos inclusive podem ocorrer mutuamente (PARSONS; TAKA-HASHI; HARGRAVE, 1984).

A maioria dos organismos zooplanctônicos vai fazer parte do grupo de organismos holoplanctônicos, ou seja, são permanentemente planctônicos por todo o ciclo vital. O restante desses organismos será composto por larvas e estágios iniciais de desenvolvimento de seres nectônicos, dessa forma ficarão à deriva durante as etapas de metamorfose, até atingirem um tamanho que lhes permita se deslocar e tornarem-se parte do nécton (REDDEN *et al.*, 2009).

Fenologia é o termo dado a particularidades ou padrões adotados por uma espécie ou população. Várias fenologias são observadas nas comunidades zooplanctônicas das diferentes regiões, sendo comportamentos detectados em um local e não em outros, logo são adaptações às condições ambientais (MILLER; WHEELER, 2012).

Outra característica comportamental dos organismos zooplanctônicos são as migrações diárias na vertical, movimentando-se para diferentes posições na coluna d'água no decorrer de 24 horas (COHEN; FORWARD JR, 2009).

O mecanismo reprodutivo de algumas espécies que compõem o zooplâncton é um pouco mais complexo que no fitoplâncton. Para alguns pode haver intervalos entre os períodos reprodutivos (diapausa em copépodos) e a possibilidade de encontrar e selecionar um parceiro. As fêmeas de algumas espécies liberam feromônios na água para facilitar o encontro. A existência de cópulas repetitivas e múltiplas, os riscos de morte (principalmente no rastreio de feromônios), a necessidade de estratégias de sobrevivência, inclusive em períodos de condições adversas, são todas variáveis que vão afetar a propagação das populações (MILLER; WHEELER, 2012).

O zooplâncton também merecerá um capítulo exclusivo (Capítulo 4), no qual mais detalhes sobre esses organismos serão discutidos.

Distribuição temporal do plâncton

Migração diária

Apesar de já ter sido ressaltado que o deslocamento horizontal da comunidade planctônica é passivo, ou seja, depende das correntes, alguns organismos zooplanctônicos podem realizar migrações verticais, variando de algumas dezenas até centenas de metros (MULLIN, 2010). Essas migrações são realizadas desde a superfície em áreas bem iluminadas, onde crescem os fitoplanctônicos, até grandes profundidades, escuras e frias.

Geralmente, essas migrações são diárias, direcionando-se a ambientes mais profundos durante o dia, mas podem ocorrer sazonalmente – no inverno, por exemplo –, com retorno à superfície nos meses mais quentes em busca do fitoplâncton. A adoção desse padrão tem alguns propósitos. O primeiro seria a fuga ou dificultar a visualização por predadores; a segunda seria para, à medida que desce na coluna d'água, o zooplâncton poder fazer uma espécie de escaneamento na água em busca de alimento; por fim, haveria a conservação de energia, em épocas em que o alimento na superfície é escasso (MULLIN, 2010).

Esse mecanismo de conservação de energia em períodos de clima frio é adotado por algumas espécies de copépodos, entrando em um estado de dormência conhecido como diapausa. Os copépodes ajustaram sua distribuição vertical em conjunto com a progressão ascendente da hipóxia à medida que o conteúdo de oxigênio diminuía no decorrer do inverno. A falta de oxigênio vai ser um fator excluidor de predadores, assim a mortalidade é baixa durante o período invernoso (MULLIN, 2010; KAARTVEDT; ROSTAD; TITELMAN, 2021).

Os fitoplanctônicos realizam migrações conhecidas como de "baixo para cima" (do termo em inglês *bottom-up*) e do tipo do "topo para baixo" (do termo em inglês *top-down*). A primeira dessas migrações ocorre sob influência dos nutrientes e da luz; já a segunda ocorre por pressão dos organismos herbívoros (RISSIK; SUTHERS, 2009).

A maioria dos organismos do zooplâncton apresenta um eficaz poder de natação. Dessa maneira, podem realizar diariamente migrações verticais com mais frequência do que os fitoplanctônicos. Essa migração envolve ir em direção à superfície durante o crepúsculo, para se alimentar do fitoplâncton (que se posiciona mais próximo da superfície durante a noite), e descer a regiões mais profundas durante o dia, dada a intensidade luminosa. A distância percorrida durante a migração diária vai variar de poucos metros em áreas rasas de lagos e lagoas a centenas de metros em regiões oceânicas. Esse comportamento migratório é provocado por mudanças na intensidade luminosa e para evitar ser visualizado por predadores, em especial os peixes (REDDEN *et al.*, 2009).

Segundo Lalli e Parsons (1997), os organismos zooplanctônicos marinhos apresentam três padrões de migração diária:

- ◆ Migração noturna: caracterizada por uma única ascensão rumo à superfície, iniciada ao pôr do sol, e uma única descida para camadas inferiores, ao nascer do sol, diariamente. Esse é o padrão mais comum entre o zooplâncton marinho.
- ◆ Migração crepuscular: é marcada por dois movimentos de subida e dois movimentos de descida no decorrer de 24 horas. No início do pôr do sol, os organismos sobem e, durante a noite, realizam

o movimento de afundamento da meia-noite (do inglês, *midnight sink*). Em seguida, ao nascer do sol, os animais retornam à superfície, e ao longo do dia descem a uma profundidade na qual permanecem até iniciar a nova migração.

♦ Migração reversa: menos comum, nela os organismos se dirigem para a superfície durante o dia e no período noturno se direcionam para grandes profundidades.

Distribuição sazonal

A presença e os padrões de migração vertical diária de algumas espécies são, obviamente, afetados por variações sazonais nos ambientes aquáticos. Podendo, inclusive, estar associadas a ciclos reprodutivos e à mudança na localização preferida na coluna d'água (LALLI; PARSONS, 1997).

Seja em regiões temperadas ou tropicais, os fatores que controlam ou determinam as flutuações temporais do fitoplâncton são os mesmos que definem as variações verticais (ESTEVES, 2011). A circulação das massas de água, a temperatura, a luminosidade e a concentração de nutrientes serão os fatores predominantes para o posicionamento e a dinâmica das comunidades planctônicas na distribuição vertical (MARRA, 1980).

Segundo Esteves (2011), em regiões tropicais são baixas as evidências de variações da comunidade planctônicas ligadas às estações do ano, dada a condição de estabilidade climática. Entretanto, em zonas temperadas se verificará uma variabilidade na comunidade, por conta da regularidade com que ocorrem as estações do ano, havendo o que o autor chama de sucessão, flutuação ou variação sazonal das comunidades.

Ainda de acordo com Esteves (2011), em regiões temperadas, é possível verificar a dominância de algumas espécies de acordo com as estações do ano, ou seja, determinadas espécies fitoplanctônicas vão "surgir" ou proliferar mais facilmente a partir de determinadas condições de clima e nutrientes, multiplicando-se em grandes quantidades, e logo que essa condição acaba as espécies "desaparecem". Entretanto, para alguns organismos planctônicos, esse desaparecimento pode ser seguido da criação de uma forma de resistência, como um cisto, por exemplo.

De acordo com Parsons, Takahashi e Hargrave (1984), e com base no modelo proposto por Heinrich (1962), em resumo, os ciclos sazonais da comunidade planctônica nos oceanos podem ser de quatro tipos, de acordo com as variações nos estoques de fitoplâncton e zooplâncton. O primeiro se refere às águas nas regiões Ártica e Antártica, onde só haverá luminosidade suficiente para sustentar os organismos fitoplanctônicos durante o período de verão, ocorrendo assim apenas uma floração.

O segundo ciclo se refere às águas de clima temperado do Oceano Atlântico Norte, onde os organismos do zooplâncton só aumentarão as taxas de crescimento e reprodução quando ocorrer uma elevação na produtividade primária, o que vai acontecer durante a primavera. Assim haverá um incremento temporário no estoque de organismos fitoplanctônicos seguido de uma redução em virtude do aumento na herbivoria. Nessa região é comum a existência de dois picos de produção: um mais extenso na primavera e outro de menor intensidade no outono. A ocorrência de um pico menor de produtividade durante o outono se deve à quebra na estratificação térmica que acontece durante o verão e, assim, dá-se uma mistura das massas de água, havendo um novo aporte de nutrientes e luminosidade ainda capaz de dar suporte ao fitoplâncton.

O terceiro ciclo ocorrerá no norte do Oceano Pacífico, sendo que nem a reprodução e nem o tamanho do estoque de organismos zooplanctônicos vão ser dependentes da presença e abundância da comunidade fitoplanctônica, uma vez que os indivíduos adultos migram para zonas profundas (abaixo de 200 m). Já as fases jovens, que eclodem durante essa migração, se aproveitam dos fotossintetizantes ainda presentes no ambiente. Ao fitoplâncton resta apenas aguardar o relaxamento da herbivoria durante o outono.

O quarto e último ciclo acontece nas regiões tropicais dos oceanos, onde há pouquíssimas evidências de mínimas e máximas produtividades em decorrência da variação sazonal. Dessa forma, apenas em regiões onde a movimentação das camadas de água for mais intensa e ocorrer ressurgência é que haverá um incremento substancial na comunidade planctônica.

Adaptações à vida planctônica

As adaptações à vida planctônica estão envolvidas com a manutenção ou permanência dos organismos na coluna d'água, inclusive na manutenção da posição.

Algumas adaptações fazem parte de mecanismos utilizados durante a migração diária dos organismos, de acordo com as condições ambientais locais, como já descrito anteriormente. O tipo de ambiente aquático ao qual pertencem, as correntes de circulação e de movimentação das massas de água e as diversas estratificações serão fatores preponderantes para o sucesso da manutenção/posicionamento do organismo. Em geral, os organismos heterotróficos tenderão a acompanhar a movimentação dos organismos autotróficos.

Redden *et al.* (2009) descrevem como os organismos planctônicos buscam obter sucesso na execução da atividade de manutenção na coluna d'água. A primeira delas trata do tamanho celular. Os fitoplanctônicos de pequeno porte têm mais facilidade em manter a posição em profundidades que apresentam condições ideais de nutrientes e luz; já o aumento no tamanho da célula vai resultar no aumento da taxa de afundamento (do inglês, *sinking rate*), por isso que células mortas afundam mais rápido que células vivas. Grandes fitoplanctônicos, como as diatomáceas, são mais susceptíveis a afundar e, dessa forma, requerem muita movimentação (e agitação, como ressurgência ou ventos fortes) para manterem-se em uma mesma posição na coluna d'água.

O desenvolvimento de estruturas ajuda as células ou colônias a diminuirem a taxa de afundamento, como, por exemplo, os flagelos. Alguns organismos, como os dinoflagelados e as diatomáceas, que possuem células grandes e pesadas, para reduzirem o afundamento, se manterem neutros na coluna d'água e dentro da zona eufótica, adotam algumas estratégias como a formação em cadeia ou corrente e o desenvolvimento de extensões corporais, visando aumentar a relação área:volume. Protuberâncias, espinhos (espículas), estruturas semelhantes a plumas, cabelos e até mesmo chifres são algumas das estratégias adotadas (Figura 2.4).

Outras vantagens do desenvolvimento desses aparatos corporais estão no aumento da fricção com água e na expansão corporal, o que dificulta, inclusive, a captura e ingestão por zooplâncton herbívoro. Ainda segundo Redden *et al.* (2009), essas estruturas, principalmente as espículas das diatomáceas, podem abrigar também maior quantidade de cloroplastos e, assim, ampliar a capacidade fotossintética das microalgas.

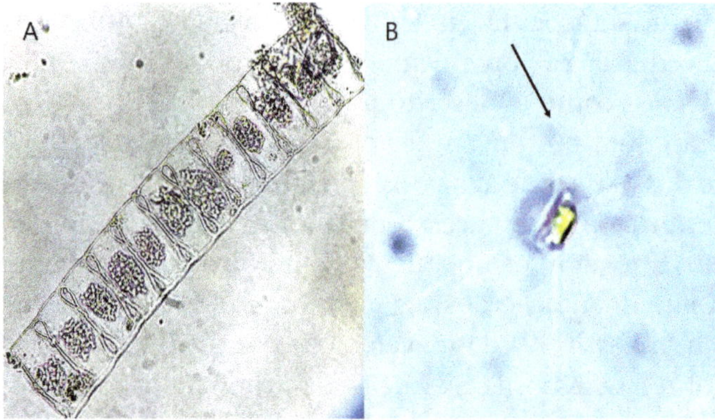

Figura 2.4 Adaptações ou estratégias adotadas por fitoplanctônicos com células grandes. Em (A) temos a formação em corrente adotada por *Bellerochea* sp.; em (B), a seta preta indica as espículas desenvolvidas por *Chaetoceros muelerii*. *Fonte:* (A. Pedro Henrique Gomes. B. Autor).

Outros mecanismos que ajudam na permanência em determinada posição na coluna d'água envolvem a modificação da densidade e a composição celular. Em organismos como as diatomáceas – que possuem a sílica em sua composição, o que as torna particularmente pesadas –, a adoção de vacúolos gasosos e a acumulação de lipídios as fazem mais leves do que a água. Tempo de vida do organismo e estado nutricional também devem afetar a condição fisiológica para manter a densidade celular.

De acordo com Esteves (2011), em ambientes de água doce, para que o fitoplâncton permaneça na sua posição na coluna d'água, sua densidade deve ser igual a 1, porém os organismos possuem densidade superior à da água e, dessa forma, tendem a afundar. O autor destaca que são quatro os principais mecanismos que dão suporte à redução da taxa de afundamento, sendo que os três primeiros já foram aqui descritos:

- Acúmulo de gotículas de óleo (lipídios).
- Aumento da superfície de contato (formação de protuberâncias semelhantes a chifres, espinhos e plumas).
- Produção de vacúolos gasosos.
- Mecanismo adaptativo: o mecanismo destacado pelo autor citado é a produção de bainha de mucilagem, uma substância cuja densidade se aproxima da densidade da água e envolve toda a célula. Trata-se de mecanismo bastante utilizado por cianobactérias e clorofíceas.

O zooplâncton, da mesma forma que o fitoplâncton, vai adotar alguns mecanismos visando reduzir a taxa de afundamento e garantir o posicionamento na coluna d'água. São estruturas semelhantes às já apresentadas aqui, como desenvolvimento de expansões corporais (chifres, plumas, espinhos etc.), podendo ainda modificar o corpo, seja comprimindo, alongando ou estreitando. Podem ainda achatar ou produzir/acumular óleos em determinadas partes da estrutura corporal.

Diferentemente do fitoplâncton, a maioria do zooplâncton possui capacidade de natação, até de forma eficiente. Desse modo podem realizar migrações diárias e buscar uma melhor posição, principalmente quando atingem o estágio adulto.

Referências

BRITANNICA, The Editors of Encyclopaedia. Halocline. **Encyclopedia Britannica**. 1998. Disponível em: https://www.britannica.com/science/halocline. Acesso em: 15 abr. 2021.

__________, The Editors of Encyclopaedia. Plankton. **Encyclopedia Britannica**. 2019. Disponível em: https://www.britannica.com/science/plankton. Acesso em: 12 abr. 2021.

BYRNE, R.; MACKENZIE, F. T.; DUXBURY, A. C. Seawater. **Encyclopedia Britannica**. 2020. Disponível em: https://www.britannica.com/science/seawater. Acesso em: 15 abr. 2021.

COHEN, J. H.; FORWARD JR, R. B. Zooplankton diel vertical migration – A review of proximate control. *In*: GIBSON, R. N.; ATKINSON, J. A.; GORDON, J. D. M. **Oceanography and marine biology: an annual review**. CRC Press, 2009. v. 47. p. 77-110.

DAY JR, J. W. *et al*. Introduction to Estuarine Ecology. *In*: DAY JR, J. W.; CRUMP, B. C.; KEMP, W. M.; YÁÑEZ-ARANCIBIA, A. (Eds.). **Estuarine ecology**. Wiley-Blackwell, 2013. p. 1-18.

DODDS, W. K.; WHILES, M. R. **Freshwater ecology, concepts and enviromental applications of limnology**. Academic Press, 2010. 840 p.

DUCKLOW, H. W. Bacterioplankton. *In*: STEELE, J. H. **Encyclopedia of ocean sciences: marine biology**. 2 ed. Academic Press, 2009. p. 21-27.

ESTEVES, F. de A. **Fundamentos da limnologia**. 3 ed. Interciência, 2011. 826 p.

FALKOWSKI, P. G.; RAVEN, J. A. **Aquatic photosynthesis**. 2. ed. Princeton University Press, 2007. 501 p.

GARRISON, T. **Fundamentos de oceanografia**. 7. ed. Cengage Learning, 2016. 480 p.

GLIWICZ, Z. M. Zooplankton. *In*: O'SULLIVAN, P. E.; REYNOLDS, C. S. (Orgs.). **The lakes handbook, volume 1: limnology and limnetic ecology**. Blackwell, 2004. p. 461-516.

HEINRICH, A. K. The life history of plankton animals and seasonal cycles of plankton communities in the oceans. **ICES Journal of Marine Science**, v. 27, p. 15-24, 1962.

JORDAN, S. J. Introduction to estuaries. *In*: JORDAN, S. J. **Estuaries: classification, ecology and human impacts**. Nova Science Publishers, 2012. p. 1-13.

KAARTVEDT, S.; RØSTAD, A.; TITELMAN, J. Sleep walking copepods? Calanus diapausing in hypoxic waters adjust their vertical position during winter. **Journal of Plankton Research**, v. 43, p. 199-208, 2021.

LALLI, C. M.; PARSONS, T. R. Biological oceanography: an introduction. 2. ed. Butterworth-Heinemann, 1997. 326 p.

LÖFFLER, H. The origins of lake basins. *In*: O'SULLIVAN, P. E.; REYNOLDS, C. S. (Orgs.) **The lakes handbook, volume 1: limnology and limnetic ecology**. Blackwell, 2004. 710 p.

MARAÑÓN, E. Phytoplankton size structure. *In*: STEELE, J. H. (Org.). **Encyclopedia of ocean sciences: marine biology**. 2. ed. Academic Press, 2009. p. 85-92.

MARRA, J. Vertical mixing and primary production. *In*: FALKOWSKY, P. G. (Org.). **Primary production in the sea**. 1. ed. Springer, 1908. v. 19. p.121-137.

MADIGAN, M. T.; MARTINKO, J. M.; PARKER, J. Microbiologia de Brock. 10. ed. Pearson, 2004. 608 p.

MILLER, C. B.; WHEELER, P. A. Biological oceanography. 2. ed. Willey-Blackwell, 2012. 464 p.

MIRANDA, L. B. *et al*. Introduction to Estuaries Studies. *In*: MIRANDA. L. B.; ANDUTTA, F. P.; KJERFVE, B.; CASTRO FILHO, B. M. (Orgs.). **Fundamentals of estuarine physical oceanography. Springer Nature**, Ocean Engineering & Oceanography, 2017. v. 8, p 1-23.

MULLIN, M. M. Plankton overview. *In*: STEELE, J. H.; THORPE, S. A.; TUREKIAN, K. K. **Marine biology: A derivative of Encyclopedia of Oceans Sciences**. 1. ed. Academic Press, 2010, p. 3-4.

O'CONNOR, R. J. The nature of an estuary. *In*: PRATER, A. J. (Ed.). **Estuary birds of Britain and Ireland**. 1 ed. T & AD Poyser, 2010. p. 17-33.

ODUM, E. P.; BARRET, G. W. **Fundamentos de ecologia**. 5. ed. Cengage Learning, 2016. 611 p.

PACHIAPPAN, P. *et al*. An introduction to plankton. *In*: **Basic and applied phytoplankton biology**. Springer Nature, 2019. p. 1-24.

PAFFENHÖFER, G. A. Marine plankton communities. *In*: STEELE, J. H. (Ed.). **Encyclopedia of Ocean Sciences: marine biology**. 2. ed. Academic Press, 2009, p. 5-12.

PARSONS, T. R.; TAKAHASHI, M.; HARGRAVE, B. **Biological oceanographic processes**. 3. ed. Pergamon Press, 1984. 337 p.

PEDRÓS-ALIÓ, C. Toward na autoecology of Bacterioplankton. *In*: SOMMER, U. (Ed.). **Plankton ecology: sucession in plankton communities**. Springer-Verlag, 1989. p. 297-336.

PRITCHARD, D. W. Estuarine classification – A help or a Hindrance. *In*: NEILSON, B. J.; KUO, A.; BRUBAKER, J. (Orgs.). **Estuarine circulation**. Humana Press, 1989. p. 1-38.

RAVEN, J. A.; MABERLY, S. C. Phytonplankton nutrition and related mixotrophy. *In*: LIKENS, G. E. (Ed.). **Plankton of inland waters: a derivative of Encyclopedia of Inland Waters**. 1 ed. Academic Press, 2009. 411p.

RAYMONT, J. E. G. **Plankton and productivity in the oceans: volume 1 – Phytoplankton**. 2. ed. Pergamon Press, 1980. 496 p.

REDDEN, A. M. *et al*. Plankton processes and the environment. *In*: SUTHERS, I. M.; RISSIK, D. (Orgs.). **Plankton: A guide to their ecology and monitoring for water quality**. CSIRO Publishing, 2009. p. 15-38.

RISSIK, D.; SUTHERS, I. M. The importance of plankton. *In*: SUTHERS, I. M.; RISSIK, D. (Orgs.). **Plankton: A guide to their ecology and monitoring for water quality**. CSIRO Publishing, 2009. p. 1-14.

ROBARTS, R. D.; CARR, G. M. Bacteria, bacterioplankton. *In*: LIKENS, G. E. (Ed.). **Plankton of inland waters: a derivative of Encyclopedia of Inland Waters**. 1 ed. Academic Press, 2009. 411 p.

RUSCH, A. Heterotrophic. *In*: KENNISH, M. J. (Ed.). **Encyclopedia of estuaries**. Springer, 2016. p. 357.

SÁ, M. V. C. **Limnocultura**. Edições UFC, 2012. 218 p.

SANTHANAM, P.; PACHIAPPAN, P.; BEGUN, A. A Method of collection, preservation and identification of marine zooplankton. *In*: SANTHANAM, P.; PACHIAPPAN, P.; BEGUN, A. (Orgs.). **Basic and applied zooplankton biology**. Springer Nature, 2019. p. 1-44.

SARDET, C. **Plankton, wonders of the drifting world**. The University of Chicago Press, 2015. 223 p.

SIGMAN, D. M.; HAIN, M. P. The biological productivity of the Ocean. **Nature Education Knowledge**, v. 3, n, 10, 6p, 2012.

SILVA, M. C. Estuários – critérios para uma classificação ambiental. **Revista Brasileira de Recursos Hídricos**, v. 5, n. 1, p. 25-35, 2000.

STERNER, R. W. Role of zooplankton in aquatic ecosystems. *In*: LIKENS, G. E. (Ed.). **Plankton of inland waters: a derivative of Encyclopedia of Inland Waters**. 1 ed., Academic Press, 2009. 411 p.

TOWNSEND, C. R.; BEGON, M.; HARPER, J. L. **Fundamentos em ecologia**. 3. ed. Artmed, 2010. 576 p.

TUNDISI, J. G.; TUNDISI, T. M. **Limnology**. CRC Press, 2011. 870 p.

Produção de Microalgas

Introdução

O termo algas não possui significado taxonômico, é utilizado rotineiramente em referência às macroalgas e a um grupo de microrganismos altamente diversificado denominado de microalgas, do qual fazem parte protistas eucarióticos fotoautróficos, mixotróficos e cianobactérias procarióticas (BARSANTI; GUALTERI, 2014; SINGH; SAXENA, 2015). Ficologistas são os pesquisadores que realizam estudos sobre as algas (BOROWITZKA, 2018).

As algas são classificadas em mais de uma dezena de grupos, predominantemente, com base na composição dos pigmentos, substância de reserva e uma diversidade de características estruturais (SINGH; SAXENA, 2015).

As microalgas são espécies unicelulares, comumente encontradas nos mais diversos ambientes aquáticos, com tamanho variando de alguns poucos a algumas centenas de micrômetros (VENKATESAN; MANIVASAGAN; KIM, 2015). As microalgas são organismos muito pequenos cujo tamanho celular varia de 1 μm, a células com dimensões máximas de 500 μm, individualmente (BOWLING, 2009)..

Muitas espécies são organismos solitários, unicelulares, com ou sem flagelo, com ou sem mobilidade (BARSANTI; GUALTERI, 2014). Algumas espécies vão se organizar em agregados simples, outros mais complexos, compostos por um número reduzido de células, outros com um número bem maior de indivíduos. Estas organizações são denominadas de colônias. Algumas colônias podem atingir até 2 mm de comprimento, podendo ser vistas inclusive a olho nu. Quando o número e a disposição das células são mantidos desde a origem da colônia e permanecem constantes durante o período de vida individual (da colônia), esse tipo de organização é denominado de cenóbio (BOWLING, 2009; BARSANTI; GUALTERI, 2014).

Os fitoplanctônicos desempenham importante papel nos ecossistemas aquáticos, tanto em água doce como marinha. Como produtores primários suportam toda uma cadeia trófica composta de organismos zooplanctônicos, peixes e outros animais que fazem parte da fauna aquática (PAL; CHOUDHURY, 2014).

As três mais importantes classes de microalgas em termos de abundância são as diatomáceas (*Bacillariophyceae*), as microalgas verdes (*Chlorophyceae*) e as chamadas algas douradas ou *Chrysophyceae*. As *Cyanophyceae*, ou cianobactérias, seriam, em termos de relevância, o quarto elemento, já que algumas espécies são bastante conhecidas e cultivadas, como a *Spirulina* (*Arthrospira platensis*) (VENKATESAN; MANIVASAGAN; KIM, 2015). A predominância de um grupo ou outro vai depender das características do ambiente em que estão inseridos (ESTEVES, 2011).

Com o avanço tecnológico, é uma realidade o emprego de técnicas moleculares para identificação do fitoplâncton, dada a grande variedade de organismos e similaridades, especialmente as espécies toxigênicas, em que a identificação se faz necessária como forma de proteção da saúde pública. De acordo com Bowling (2009), algumas características morfológicas podem ser utilizadas na identificação microscópica tradicional de fitoplâncton:

- tamanho, formato e coloração celular;
- arranjo celular (unicelular, filamentosa ou colonial);
- características da parede celular;
- presença, ausência e posição de: flagelos, organelas ou estruturas especializadas.

As microalgas eucarióticas possuem organelas membranosas como núcleo, mitocôndrias e plastídios, já as cianobactérias procarióticas não exibem essas organelas, sendo que o DNA e os tilacoides fotossintetizantes ficam livres no citoplasma (KRIENITZ, 2009). Ainda segundo o autor, as microalgas possuem uma diversidade fascinante de formatos e estratégias de sobrevivência em resposta ao ambiente no qual estão inseridas.

As populações de algas ou o ciclo de vida das espécies são controlados por vários fatores, como: disponibilidade de nutrientes; grau de estratificação térmica; movimentação e circulação da água; consumo pelo zooplâncton; competição intra e interespecífica; e parasitismo por protozoários, fungos, bactérias ou vírus (PAL; CHOUDHURY, 2014).

De acordo com Rissik e Suthers (2009), examinar e monitorar o desenvolvimento das comunidades planctônicas é sempre importante, uma vez que:

- podem causar florações nocivas tanto para o meio ambiente como para seres humanos;

♦ alguns organismos fitoplanctônicos produzem toxinas;
♦ o fitoplâncton assimila grandes quantidades de nutrientes e os transmitem pela cadeia trófica;
♦ estágios larvais de várias espécies se desenvolvem no plâncton;
♦ organismos planctônicos podem ser indicadores biológicos;
♦ podem indicar a ocorrência de eutrofização, seja natural ou por ação antrópica.

Os primeiros relatos do consumo de microalgas pelos humanos datam de mais de 2.000 anos atrás, quando, em períodos de grande escassez alimentar, povos da China se alimentavam de uma microalga do gênero *Nostoc* (SPOLAORE *et al.*, 2006).

Segundo Chisti (2018), a microalga do gênero *Arthrospira*, comercialmente conhecida como *Spirulina*, vem sendo utilizada na alimentação de povo indígenas na Ásia, África e nas Américas há mais de mil anos. Os astecas e demais povos da região central do México colhiam a biomassa de *Arthrospira* nos lagos locais, produzindo um alimento por eles denominados de *tecuitlatl* ou *tequitlatal*. O consumo permaneceu até cem anos após a conquista do território pelos espanhóis. No lago Chad, no oeste do continente africano, a *Arthrospira* ocorre naturalmente. A biomassa é coletada por povos nativos e exposta para secar ao sol, formando um alimento semelhante à bolacha, denominado de *dihé*, sendo consumido na forma de molhos ou como ingrediente no preparo de outros pratos. Ainda de acordo com Chisti (2018), estima-se que a produção anual de biomassa seca de *Spirulina* esteja em torno de duas mil toneladas.

Os humanos têm uma relação antiga com os organismos que compõem o fitoplâncton. Algumas espécies já fossilizadas em rochas são utilizadas em ornamentação ou, no caso do diatomito, usadas como material filtrante e polidores. Outras espécies são utilizadas para extração de compostos de interesse e alimentação (BELLINGER; SIGEE, 2015).

Atualmente, a biomassa das espécies dos gêneros *Chlorella*, *Arthrospira* e *Nostoc* é destinada ao uso direto como alimento pela humanidade, porém várias outras espécies são fontes de compostos e utilizadas como aditivos alimentares (β-caroteno, *Dunaliella* spp.), pigmentos e corantes (Astaxantina, *Haematococcus pluvialis*) ou destinadas à indústria nutracêutica (CHISTI, 2018).

Características gerais

Reprodução

As algas são organismos que formam um grupo único, apresentando uma diversidade de padrões reprodutivos (ZACHLEDER; BISOVÁ; VÍTOVÁ, 2016). Os métodos de reprodução observados nas algas variam desde mecanismos vegetativos, como divisão de uma única célula, dando origem a duas novas células-filhas, ou a fragmentação de uma colônia e produção de esporos móveis, até a união de gametas na reprodução sexuada (BARSANTI; GUALTERI, 2014).

Assim como a maioria dos microrganismos, o mecanismo reprodutivo primário das microalgas é assexuado, entretanto, para algumas espécies, já foram observadas formas semelhantes a gametas (MULLER-FEUGA; MOAL; KAAS, 2003).

A reprodução vegetativa consiste na célula-mãe se dividir igualmente em duas novas células-filhas, cada uma com metade do tamanho da célula original, podendo ocorrer de maneira longitudinal ou mesmo transversal, de acordo com a espécie (MULLER-FEUGA; MOAL; KAAS, 2003).

Segundo Barsanti e Gualteri (2014), algumas espécies vão se multiplicar por meio da produção de:

♦ Zoósporos: esporo móvel produzido de dentro da célula parental, ex.: *Tetraselmis*.

♦ Aplanósporos: esporo sem flagelos, que inicia o desenvolvimento dentro da célula parental antes de ser liberado, podendo se modificar e virar um zoósporo.

♦ Autósporos: células-filhas, aflageladas, que serão liberadas a partir da ruptura da parede celular da célula parental original. São quase réplicas perfeitas da célula original e apresentam baixa capacidade de virar zoósporos.

Segundo Barsanti e Gualteri (2014), os mecanismos reprodutivos em colônias podem ser:

♦ Autocolônia: o cenóbio entra numa fase reprodutiva em que cada célula vai produzir uma nova colônia similar àquela a que pertencia, logo não se trata da produção de uma nova célula, mas sim de uma produção multicelular (ex.: *Pediastrum*).

♦ Colônia não-cenóbica: trata-se de um processo randômico em que se formam vários fragmentos da colônia, dando origem a novos organismos.

Se as condições ambientais forem favoráveis, o fitoplâncton será capaz de se reproduzir rapidamente, de maneira tal que ocorre uma explosão demográfica de células denominadas de florações, em que, dependendo da espécie, essas florações modificarão a cor da água para vermelho, azul, verde, roxo, marrom ou até mesmo deixará a água com aspecto leitoso (RISSIK *et al.*, 2009).

Algumas espécies, em condições ambientais desfavoráveis, tenderão a produzir um estágio de resistência ou de latência, na forma de hipnósporos, hipnozigotos, estatósporos e acinetos. Tanto os hipnósporos como os hipnozigotos vão permitir que as algas sobrevivam à dessecação, podendo ser transportados pelo ar ou por aves para outros ambientes aquáticos, mecanismo bastante parecido com os cistos produzidos por outros organismos.

Os estatósporos são formados dentro das células vegetativas por espécies de Chrysophyceae. As paredes dos estatósporos são compostas, principalmente, por sílica e possuem ornamentação (espinhos e outras projeções) que, após o período de dormência, germina, liberando várias células flageladas. Os acinetos ocorrem em algas verdes e cianobactérias. São, na verdade, células vegetativas aumentadas com parede espessa, produzidas em resposta à limitação de nutrientes e disponibilidade de luz. São bastante resistentes, permanecendo por anos junto ao sedimento e, uma vez que as condições ambientais se tornem favoráveis, germinam em novas células (BARSANTI; GUALTERI, 2014).

Eutrofização e florações

A eutrofização desencadeia uma série de alterações físico-químicas nos ambientes aquáticos (PRASATH *et al.*, 2019). Eutrofização é o processo de aumento da produtividade primária em um ambiente aquático que, em particular, ocasiona o desenvolvimento acelerado de algumas espécies de fitoplanctônicos. As causas para a eutrofização são diversas, mas a principal delas é o acúmulo de nutrientes nos corpos hídricos (RISSIK *et al.*, 2009).

O estado trófico de um corpo hídrico pode nos fornecer informações aproximadas da concentração de nutrientes limitantes (como o fósforo), clorofila (indicador de biomassa fitoplanctônica) e transparência (de acordo com a quantidade de biomassa de algas e sólidos em suspensão, avaliada pela profundidade de Secchi) (ISTVÁNOVICS, 2009).

No quadro a seguir são destacados os limites para definição do estado trófico, de acordo com os parâmetros supracitados, segundo a Organização para a Cooperação e Desenvolvimento Econômico (OCDE):

Estado trófico	Conc. média de P (μg.L^{-1})	Conc. média de clorofila (μg.chl-a.L^{-1})	Conc. máxima de clorofila (μg.chl-a.L^{-1})	Profundidade média de Secchi (m)
Oligotrófico	< 10	< 2,5	< 8	> 6
Mesotrófico	10-35	2,5-8	8-25	6-3
Eutrófico	> 35	> 8	> 25	< 3

O rápido aumento ou acúmulo de uma população de microalgas em ambientes aquáticos é denominado de florações (do termo em inglês, *blooms*), e vários gêneros de organismos fitoplanctônicos são capazes de formar *blooms* (PAL; CHOUDHURY, 2014). A oferta de nutrientes e luz e a ausência de predadores são as principais condições que estimulam o crescimento do fitoplâncton, conduzindo a florações (PIEDRAS; ODEBRECHT, 2012).

Com as condições favoráveis, o fitoplâncton vai aumentar na forma de pulsos ou de *blooms*. Os *blooms* são caracterizados quando as células excedem a concentração média anual ou quando uma certa quantidade de células é atingida (PAL; CHOUDHURY, 2014). Podem ser ocasionados de forma natural ou em decorrência das atividades antrópicas (RISSIK *et al.*, 2009).

No ambiente marinho, a biomassa de fitoplâncton, no geral, começa a aumentar com o aporte de nutrientes de origem exógena (PIEDRAS; ODEBRECHT, 2012). Em regiões temperadas, as primeiras florações de microalgas se iniciam na primavera, com o aumento da luz solar, encerrando-se no outono, quando a luminosidade se reduz. Nas regiões tropicais, o crescimento é quase contínuo à medida que os nutrientes estejam disponíveis (PAL; CHOUDHURY, 2014). Assim, as florações naturais ocorrem por sazonalidade ou por outros eventos da natureza, como as fortes chuvas de monções ou por ação da ressurgência (RISSIK; SUTHERS, 2009).

Florações de algumas espécies até serão benéficas ao ecossistema, porém outras espécies vão causar situações ambientais indesejadas, pois podem produzir substâncias tóxicas que são prejudiciais à saúde. Assim, é extremamente importante o conhecimento da origem do *bloom* (espécie) e das condições que levaram à floração (RISSIK *et al.*, 2009; BELLINGER; SIGEE, 2015).

O efeito prejudicial depende da espécie que provoca a floração. Algumas podem até não ser tóxicas ao ser humano, porém para outros organismos dentro do ambiente aquático são extremamente nocivas, dada a extensão da floração. Elas podem, por exemplo, ocasionar o rápido decréscimo na concentração de oxigênio, danos mecânicos às brânquias de peixes, grandes variações do pH ao longo do dia ou até provocar o sombreamento de determinada área na água, prejudicando o crescimento de outros fotossintetizantes (RISSIK *et al.*, 2009). Também podem causar severos danos às atividades humanas, como aquicultura, pesca e turismo (HALLEGRAEFF, 2014).

As características de *blooms* provocados por cianobactérias e dinoflagelados, bem como a produção de toxinas, estão descritas aqui segundo estudo de Pal e Choudhury (2014).

Blooms *de cianobactérias*

O crescimento acelerado vai se dever às condições ambientais favoráveis, seja em água doce ou marinha. Algumas espécies planctônicas possuem vesículas gasosas que formam florações superficiais. Essas florações se assemelham a outros mecanismos de migração diurna, em que, após o consumo das reservas de carboidratos durante a noite, elas se acumulam na superfície. Com o aumento da taxa fotossintética, passam a produzir mais e mais carboidratos, até que as vesículas gasosas entram em colapso. Como resultado, os organismos afundam e, aparentemente, na superfície o *bloom* desapareceu. Na manhã seguinte, elas retornam, já que houve o consumo noturno das reservas de carboidratos. E assim continua o ciclo.

Os *blooms* de cianobactérias também alteram o odor e o sabor da água, deixando-a "com gosto de terra, barro", além de a estética ficar prejudicada (RISSSIK *et al.*, 2009).

Segundo Pal e Choudhury (2014), os ciclos de florações de cianobactérias podem ser controlados das seguintes formas:

- ◆ Provocando o colapso dos vacúolos gasosos por mudança na pressão hidrostática.
- ◆ Promovendo circulação artificial da água, já que as cianobactérias preferem ambientes mais estáveis.
- ◆ Aplicação de controle biológico.

♦ Aplicação de algicidas.

♦ Promoção de sombreamento, podendo ser realizado pelo uso de macrófitas flutuantes.

Blooms *de dinoflagelados*

Grandes populações de dinoflagelados podem aparecer em lagos, estuários ou no oceano, cobrindo a superfície dos corpos hídricos de vermelho, as conhecidas marés vermelhas.

A maioria dos dinoflagelados são organismos capazes de regular rapidamente suas posições na coluna d'água, nadando em direção à superfície durante o dia para realizar a fotossíntese e descendo para camadas inferiores da coluna d'água ao final do período vespertino (PAL; CHOUDHURY, 2014).

As florações de algas nocivas (FANs ou HABs, do termo em inglês, *harmful algal blooms*) tem gerado preocupação em virtude da toxicidade que alguns compostos produzidos por essas espécies podem apresentar (PAL; CHOUDHURY, 2014). Intoxicações humanas por HABs, muitas vezes, ocorrem pelo consumo de ostras e outros bivalves. Dado o mecanismo alimentar e por não serem diretamente afetados, eles acumulam a toxina no organismo, contaminando consumidores topo através da biomagnificação (RISSIK *et al.*, 2009; CASTRO; MOSER, 2012).

Castro e Moser (2012) e Hallegraeff (2014) classificam os organismos componentes dos HABs em:

1. Espécies que provocam florações, mas são inofensivas, até o ponto em que provocam rápido consumo de oxigênio (ex.: *Gonyaulax polygramma, Noctiluca scintillans*).

2. Espécies não-tóxicas a humanos, mas prejudicais a peixes e invertebrados (especialmente na aquicultura), provocando danos às brânquias (ex.: *Chaetoceros concavicorne*).

3. Espécies que produzem toxinas potentes e, por meio da cadeia trófica, podem chegar aos humanos, causando: síndrome da paralisia ou envenenamento paralisante por moluscos (PSP, do termo em inglês, *paralytic shellfish poisoning;* ex.: *Gymnodinium catenatum*); síndrome ou envenenamento diarreico por moluscos (DSP, do termo em inglês, *diarrhetic shellfish poisoning;* ex.: *Dinophysis acuta*); envenenamento amnésico por moluscos (ASP, *amnesic shellfish poisoning;* ex.: *Pseudo-nitzschia australis*); envenenamento azaspirácido por moluscos (AZP, *azaspiracid shellfish poisoning;* ex.: *Azadinium*

spinosum); envenenamento por ciguatera no consumo de peixe (CFP, *ciguatera fish poisoning;* ex.: *Gambierdiscus polynesiensis*); intoxicação síndrome neurotóxica ou envenenamento neurológico por moluscos (NSP, *neurotoxic shellfish poisoning;* ex.: *Karenia brevis*); e intoxicação ou envenenamento por cianotoxina (*cyanobacterial toxin poisoning;* ex.: *Microcystis aeruginosa*).

Os principais componentes dos HABs são dinoflagelados e cianobactérias, que sintetizam toxinas acima de níveis permitidos, dessa forma causando impactos negativos e danos a outros organismos (PAL; CHOUDHURY, 2014).

Produção de toxinas

Alguns gêneros algais, incluindo as cianobactérias, são capazes de produzir compostos tóxicos. A maioria desses organismos planctônicos causa efeitos deletérios tanto em ambientes marinhos como de água doce. A produção de toxinas aumenta na ocorrência de florações dessas espécies, causando intoxicação e até mesmo podendo provocar a morte, especialmente em mamíferos.

As toxinas produzidas por cianobactérias são conhecidas como cianotoxinas e se diferenciam por suas estruturas químicas. As mais comuns são anatoxina-*a*, saxitoxina, microcistina, scytoficina, cianobactrina, lyngbyatoxina, dentre outras. De acordo com o efeito, as toxinas são categorizadas em neurotoxinas, hepatoxinas e citotoxinas.

As neurotoxinas atuam bloqueando a transmissão de sinal entre os neurônios e dos neurônios para os músculos, e intoxicações elevadas podem levar à morte por parada respiratória. *Anabaena flos-aquae* e *Aphanizomenon flos-aquae* são exemplos de espécies que produzem esse tipo de toxina. Microcistina, a mais conhecida hepatotoxina, é produzida por *Microscystis aeruginosa*. Um grande número de espécies de cianobactérias produzirá compostos citotóxicos.

Segundo Pal e Choudhury (2014), os dinoflagelados produzem o mais potente e letal material não-proteico já conhecido. Essas neurotoxinas são consideradas problema de saúde pública, principalmente quando se formam as marés vermelhas, já que vão contaminar muitos organismos marinhos, sendo transmitidas ao longo da cadeia trófica.

Fitoplâncton de zonas de arrebentação

Na zona de arrebentação de algumas praias ao redor do mundo, acumulam-se diatomáceas na forma de manchas amarronzadas/amareladas ou esverdeadas, o que provoca alteração de cor ou da viscosidade da água (FRANCO; SOARES; MOREIRA, 2018).

Inicialmente, pressupunha-se que o fitoplâncton da zona de arrebentação (do termo em inglês, *surf-zone phytoplankton*) ocorresse na forma de *blooms*. Entretanto, ao longo dos anos, ficou comprovado que não se trata de florações, mas, sim, de acumulações semipermanentes de diatomáceas (do termo em inglês, *surf-zone diatoms*) que se desenvolvem a uma taxa constante, numa zona de alta energia, que são as zonas de arrebentação (MCLACHLAN; DEFEO, 2017). Segundo os autores, as acumulações das *surf-zone diatoms* são reportadas na maioria dos continentes, em praias que possuem uma zona de arrebentação ampla e dissipativa, exposta à forte ação das ondas. As observações são mais frequentes no Hemisfério Sul, onde a *Anaulus australis* é endêmica (Figura 3.1).

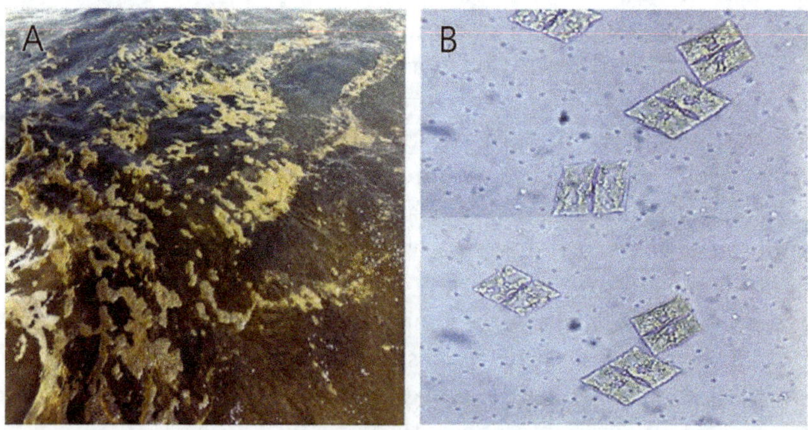

Figura 3.1 Acumulação de diatomáceas na zona de arrebentação da Praia do Futuro, em Fortaleza (CE). Em (A) vemos a mancha provocada pelo desenvolvimento da espécie *Anaulus australis* (B), uma das principais espécies de diatomáceas de zona de arrebentação, sendo considerada endêmica. *Fonte*: Autor (nov. 2020).

As acumulações de diatomáceas podem atingir cerca de dez milhões de células por mililitro, formando uma espuma amarronzada na superfície, dominada por uma ou duas espécies dos gêneros *Aulacodiscus*, *Attheya*, *Asterionellopsis* e *Anaulus*, sendo que a dominância pode variar de acordo com as estações do ano (RÖRIG; GARCIA, 2003; MCLACHLAN; DEFEO, 2017).

Os *blooms* são fenômenos sazonais, e sua ocorrência está relacionada com a temperatura e as características químicas da água. Já as acumulações de diatomáceas acontecem o ano todo, sendo controladas pelas condições físicas do ambiente (MCLACHLAN; DEFEO, 2017). Segundo Odebrecht *et al.* (2014), as diatomáceas de *surf-zone* são um fenômeno natural bem conhecido, dependente da alta turbulência encontrada nessa região, visando otimizar a captação de nutrientes e luz.

Usualmente, o início das acumulações ocorre quando os estoques de diatomáceas concentrados no sedimento são ressuspendidos, formando então manchas altamente densas (FRANCO; SOARES; MOREIRA, 2018).

As *surf-zone diatoms* exibem um padrão de migração diário. Logo nas primeiras horas da manhã, as microalgas saem da areia e se direcionam para a superfície, onde vão aderir à espuma formada, por meio de bolhas. Ao longo da manhã, a grande maioria das células vai se encontrar na superfície ou na coluna d'água. Durante o período vespertino, as células vão perdendo a flutuabilidade e começam a desprender da espuma em direção ao substrato. Vagarosamente, as células vão se precipitando e, durante a noite, já vão se encontrar enterradas na areia (MCLACHLAN; DEFEO, 2017). De acordo com os autores, esse padrão de migração vertical é remanescente dos curtos movimentos verticais realizados por diatomáceas bentônicas.

As correntes de retorno vão ser responsáveis, ao longo do dia, por carrear e depositar parte da biomassa para além da zona de arrebentação (FRANCO; SOARES; MOREIRA, 2018). De acordo com Talbot e Bate (1989), esse deslocamento é conduzido até a profundidade de 20 metros próximo à costa, contribuindo assim para a formação de estoques das espécies no substrato.

Cultivo de microalgas

Histórico de produção

Segundo Preisig e Andersen (2005), em 1850, Ferdinand Cohn obteve sucesso em manter, no seu laboratório, a microalga *Haematococcus* no que ele chamou de cultivação (do inglês, *cultivation*), sendo este o primeiro relato de uma cultura de microalgas. As primeiras culturas em larga escala de microalgas foram desenvolvidas em Taiwan, durante os anos de 1950, com o cultivo da espécie *Chlorella* sp. (PAUL; BOROWITZKA, 2019).

Ainda de acordo com Paul e Borowitzka (2019), na década de 1950, os cultivos eram realizados em tanques de concretos com 500 m² de superfície. Posicionados no centro se tinham os pivôs de rotação, que promoviam a circulação da coluna d'água. Com esse tipo de mecanismo observava-se que a circulação da água não era homogênea, que nas periferias dos tanques a movimentação da água era superior ao movimento observado no centro.

De acordo com Sipaúba-Tavares e Rocha (2001), entre os anos de 1950 e 1970 houve grande impulso na produção massiva de microalgas, com a construção de pequenos laboratórios que logo em seguida deram lugar a unidades de produção em grande escala.

Sistemas de cultivo

A produção de microalgas pode ser realizada seguindo várias metodologias, tipos de cultura e sistemas de cultivo (COUTTEAU, 1996).

Segundo MacIntyre e Cullen (2005), é possível detectar se as culturas de microalgas estão crescendo de forma balanceada:

- Se as condições do cultivo permanecem constantes e dentro dos limites para sobrevivência da espécie, as células estarão perfeitamente adaptadas à cultura, as respostas fisiológicas estarão em equilíbrio e o crescimento será balanceado.
- Se a espécie responde bem às mudanças provocadas de maneira previsível e repetida, as culturas estarão em equilíbrio dinâmico, com crescimento balanceado, dentro desse ciclo.
- Se as culturas estão sujeitas a uma variabilidade estocástica nas condições de cultivo, não vão estar aclimatadas nem em equilíbrio, e dessa forma o crescimento é desbalanceado.

Os autores afirmam ainda que as microalgas respondem às perturbações ambientais e, por conta disso, esses organismos levam um certo tempo para se adaptar a uma nova condição, apresentando um crescimento completamente adaptado se forem expostas a condições ambientais estáveis por um longo período. Isto só será possível em ambientes artificiais de cultivo, já que na natureza a estabilidade ambiental prolongada é atípica.

Para Southgate (2019), a forma mais simples de produzir microalgas é promovendo a floração, em viveiros ou tanques, das espécies encontradas no local. De acordo com o autor, na produção por esse método, é necessário, inicialmente, filtrar a água de abastecimento dos viveiros com malhas que retenham os organismos zooplanctônicos, detritos e outras partículas indesejadas. Logo em seguida, adicionam-se fertilizantes (os mais utilizados são inorgânicos), na presença de luz, e aeração, assim um *bloom* natural de algas se desenvolverá. Mesmo tendo baixo custo de produção, este método vai apresentar falhas, pois a floração pode não ocorrer da maneira desejada (ou esperada), não há controle sobre as espécies que florescerão e, por fim, dada a diversidade de espécies que podem ser obtidas, o valor nutricional da comunidade é incerto.

Os sistemas de cultivo de microalgas vão se distinguir quanto ao ambiente de cultivo, interno (*indoor*) ou externo (*outdoor*); quanto à metodologia empregada, *batch*, semicontínuo ou contínuo; quanto à presença de outros organismos ou pureza (xênico, axênico ou mistas); e, por fim, quanto ao sistema, se aberto ou fechado.

As características e as condições de produção de microalgas em ambientes internos e externos são bem distintas entre si. Em cultivos *indoor*, é possível controlar mais facilmente os parâmetros de produção, podendo um ou outro parâmetro apresentar variabilidade; já nas culturas *outdoor*, essa variabilidade é maior, as culturas estão sujeitas a oscilações de temperatura e disponibilidade de luz, além de influência da sazonalidade (BOROWITZKA, 2016).

Presença de organismo

As culturas podem ser do tipo axênicas (ou estéreis), quando estão completamente livres da presença de outros organismos, como bactérias, por exemplo. Necessita que todos os utensílios e o meio de cultura sejam rigorosamente esterilizados, o que as torna impraticáveis para operações comerciais. As culturas também podem ser xênicas (ou não-axênicas), quando se permite a presença de bactérias. Por fim, temos as culturas mistas com várias espécies de microalgas e ainda com a presença de bactérias (COUTTEAU, 1996).

Na aquicultura é bem comum a produção monoespecífica (de uma única espécie), cultivada de forma intensiva. São despendidos esforços para manter as culturas de forma axênica, e sempre que necessário se recorre a laboratórios especializados que mantêm cepas axênicas das espécies utilizadas (SOUTHGATE, 2019).

Partindo desse princípio, Sipaúba-Tavares e Rocha (2001) classificam as culturas de microalgas em:

- ♦ Cultura unialgal: quando é mantida uma única espécie de microalga dentro do ambiente de cultivo, lembrando que se trata de uma única espécie de microalga, então outros organismos podem estar presentes, ou seja, uma cultura unialgal pode ser não-axênica. As autoras destacam que, preferencialmente, as culturas devem permanecer unialgais, pois em culturas mistas uma ou mais espécies podem e vão prevalecer sobre a(s) outra(s), sendo então misturadas somente para oferta como alimento ou elaboração de algum preparado.
- ♦ Cultura clonal: deriva do mecanismo reprodutivo das espécies, em que os descendentes são gerados por reprodução assexuada a partir de um simples organismo.
- ♦ Culturas estoque ou cepas: são coleções de algas mantidas em tubos de ensaio ou outro recipiente especializado. Todas as condições laboratoriais são controladas, tais como temperatura e luminosidade.

Apesar de ser bem laborioso, é importantíssima a manutenção de culturas estoque, já que é a partir delas que se dá início às demais etapas de cultivo, seja para análise de parâmetros fisiológicos para determinada finalidade científica ou mesmo para culturas em massa.

As culturas estoque devem sempre ser mantidas em forma unialgal. Para isso, todo o material destinado à manutenção das culturas deve ser rigorosamente limpo e esterilizado, podendo ser utilizada como metodologia de esterilização a aplicação de:

- ♦ Calor úmido: autoclavagem a 120 °C ou 1 atm. O tempo de autoclavagem pode variar, de acordo com o material a ser esterilizado, de 5 a 35 minutos, para tubos de ensaio e meios de cultura com volumes de até 5 litros, respectivamente.
- ♦ Calor seco: realizado em estufa a 180°C, por um tempo variando entre 30 e 60 minutos.
- ♦ Esterilização por membrana filtrante.
- ♦ Agentes químicos.
- ♦ Luz ultravioleta (SIPAÚBA-TAVARES; ROCHA, 2001).

Ambiente de cultivo

Quanto aos sistemas de cultivo, pode-se encontrar os realizados em ambientes internos (*indoors*) ou em ambientes externos (*outdoors*), em estruturas abertas ou fechadas. As estruturas abertas geralmente são utilizadas em ambientes externos (cultivos *outdoor*) para otimizar a captação de luz solar em tanques dos mais diversos tamanhos e em grandes *raceways*. Já as estruturas fechadas podem ser usadas tanto em ambientes externos como em internos, e realizadas em fotobiorreatores (grandes tubos de vidro ou outro material resistente), *carboys* ou grandes bolsões de plástico (COUTTEAU, 1996).

As culturas *outdoor* de escala comercial são realizadas em viveiros ou tanques rasos, onde a irradiação à qual as microalgas estão sujeitas é muito maior do que a observada em culturas *indoor* (BOROWITZKA, 2016).

Métodos de produção

Dentre os métodos de produção podemos encontrar: o *estático* ou *batch*, em que somente uma espécie é cultivada em recipientes contendo água fertilizada e as microalgas são completamente coletadas quando atingem o máximo desenvolvimento; o *semicontínuo*, semelhante ao anterior, no entanto, ao atingir o ápice de desenvolvimento, apenas metade das microalgas é coletada, sendo adicionado mais meio de cultivo; e o método *contínuo*, em que a biomassa é coletada diariamente, ao mesmo tempo em que são adicionados mais nutrientes ao cultivo (COUTTEAU, 1996).

Batch ou estático

É o sistema de cultivo mais comum, pela sua simplicidade e baixo custo. Trata-se de um sistema fechado, de volume limitado, em que não há acréscimos nem retirada de produtos (depois de iniciado), logo os recursos são finitos (BARSANTI; GUALTIERI, 2014). O objetivo principal dos cultivos com metodologia *batch* é promover o desenvolvimento da cultura até um certo ponto e, em seguida, toda a cultura é colhida (SOUTHGATE, 2019). Consiste basicamente na transferência das culturas para volumes cada vez maiores[1], com água enriquecida com nutrientes (SIPAÚBA-TAVARES; ROCHA, 2001).

---

1. Antes de atingir a fase estacionária de crescimento, vide item Acompanhamento das Culturas.

Cultivos realizados na metodologia *batch* e axênicos, em escala comercial, só serão possíveis e economicamente viáveis por um período muito curto, e isso se a espécie em questão produzir uma quantidade relevante de compostos ou subprodutos que possuam elevado valor comercial (BOROWITZKA, 2016).

Semicontínuo

Periodicamente é retirado um determinado volume da cultura, sendo reposto em seguida com água enriquecida com nutrientes (SOUTHGATE, 2019).

Contínuo

Neste método de produção de cultura, deve haver perfeito equilíbrio entre a remoção de células e a entrada de água enriquecida com nutrientes. Como o próprio nome revela, é um método de fluxo contínuo; quando a cultura atinge determinada taxa de crescimento, um volume é constantemente retirado e meio enriquecido é adicionado como forma de reposição. Uma vez que o estado de equilíbrio é atingido, a cultura tende a uma produção máxima e constante (SIPAÚBA-TAVARES; ROCHA, 2001; SOUTHGATE, 2019).

Segundo Southgate (2019), o objetivo dos métodos semicontínuos e contínuos é a manutenção das culturas com a maior taxa de crescimento, ou seja, na fase exponencial, para maximizar a produção e reduzir a variabilidade da composição bioquímica (valor nutricional) das células.

Produção em escala comercial

No decorrer das duas últimas décadas, as microalgas vêm sendo cultivadas comercialmente para o tratamento de águas residuais ou destinadas à alimentação humana, animal, fertilizantes, biocombustíveis e extração de compostos bioativos e metabólitos secundários (BEGUM *et al.*, 2019). Um passo importante para o cultivo de microalgas em larga escala é selecionar a espécie que melhor se ajusta à metodologia a ser adotada (PIRES, 2015).

Atualmente, os principais métodos de produção em escala comercial de microalgas se baseiam em sistemas abertos, em *raceways*, circulação promovida por *paddle-wheels* ou em sistemas fechados em fotobiorreatores (BOROWITZKA, 2016).

De acordo com Begun *et al.* (2019), os principais fatores que vão interferir na produtividade de culturas em escala comercial são: temperatura, pH e meio de cultivo utilizado. Para o meio de cultura destinados à produção em escala comercial, os autores sugerem o uso de fertilizantes comerciais ou agrícolas, tais como ureia (46 mg.L^{-1}), superfosfato (10 mg.L^{-1}) e sulfato de amônia (100 mg.L^{-1}).

Já segundo Paul e Borowitzka (2019), as culturas de microalgas em escala comercial vão se subdividir em:

1. *Culturas extensivas*: este sistema é bem amplo e nela as culturas são mantidas sob baixa densidade celular, em que se obtêm peso seco de 0,1 a 0,5 g.L^{-1}. O principal exemplo deste sistema, segundo os autores, é a produção de *Dunaliella salina* na Austrália. Trata-se de viveiros grandes (250 ha) e rasos (entre 30 e 50 cm de profundidade), em que a temperatura é bastante elevada, variando entre 30 e 40°C, com salinidade maior ou igual a 35 ppt. O principal intuito destas culturas é a extração de β-caroteno.

2. *Culturas semi-intensivas*: este sistema requer menos espaço que o extensivo. A movimentação da coluna d'água nos sistemas extensivos, dada a baixa profundidade dos viveiros, é feita por ação dos ventos, já nos sistemas semi-intensivos isso ocorre de forma artificial e, dessa maneira, obtém-se densidade celular acima de 1 g.L^{-1} em peso seco. Na atualidade, este sistema é realizado em tanques tipo *raceways* (com 1 ha e profundidades de 30 cm, em média), com *paddle-wheels* sendo utilizados para movimentação da água. As paredes dos tanques são revestidas com geomembrana.

   A principal limitação dos tanques *raceways* é o fato de os cultivos de microalgas serem realizados em ambientes abertos, o que os predispõe à contaminação, entretanto é um sistema ideal para cultivo de microalgas que suportam condições extremas, como pH elevado (*Arthrospira platensis*), salinidades elevadas (*Dunaliella* spp.) e espécies com altas taxas de multiplicação (*Chlorella* spp., *Phaeodactylum* spp. e *Scenedesmus* spp.).

3. *Culturas intensivas*: nos sistemas intensivos, as microalgas crescem em um ambiente extremamente controlado. As condições ambientais são sempre favoráveis e, dependendo do modelo, podem atingir até 10 g.L^{-1} em peso seco. A vantagem dos sistemas intensivos é o emprego de pouca área para as culturas, além do custo de coleta de biomassa ser menor quando comparado com os demais sistemas. As culturas são realizadas em estruturas fechadas, sendo as principais (PAUL; BOROWITZKA, 2019):

♦ *Sistemas big bag*: os cultivos ocorrem em grandes sacos plásticos, que são os mais difundidos, sendo bastante empregados na aquicultura. Neste sistema, as culturas apresentam certa instabilidade, pois não há uniformidade na mistura da coluna d'água, resultando em zonas sem ou com baixa movimentação. Esta condição pode levar as culturas ao colapso, principalmente se forem xênicas (ou seja, com presença de bactérias e outros organismos).

♦ *Fotobiorreatores tubulares*: o primeiro modelo, desenvolvido na França, consistia em cinco tubos de polietileno de 20 m². Uma característica interessante do modelo é que o sistema foi alocado dentro de outra estrutura, similar a uma piscina. Quando era necessário elevar um pouco a temperatura da cultura, toda a estrutura boiava na superfície; se fosse necessário reduzir a temperatura, a estrutura submergia. Apesar de apresentar certo sucesso no cultivo de *Porphyridium* sp., o sistema era complexo, caro e requeria grande extensão de terra. Ainda segundo os autores, logo foram desenvolvidos outros sistemas de produção intensivos, como o *boicoil*. Este é um sistema tubular espiralado em uma torre, desenvolvido no Reino Unido, mas aperfeiçoado na Austrália, que utiliza tubos de *teflon* ou polietileno de baixa densidade com diâmetro entre 25 e 30 mm. Graças ao pouco diâmetro dos tubos, é possível obter alta produtividade e reduzir a incrustação no interior. São produzidos volumes superiores a 2.000 L, apresentando resultados satisfatórios na produção de *Chlorella*, *Spirulina*, *Dunaliella*, *Tetraselmis*, *Chaetoceros*, *Haematococcus*, dentre outros gêneros.

Na atualidade, os fotobiorreatores mais aceitos são os feitos com longos tubos dispostos verticalmente, formando algo semelhante a paredes. Os tubos são interconectados, fazendo com que a cultura circule continuamente. São utilizados na produção comercial de *Haematococcus* em Israel e China e na produção de *Chlorella* na Alemanha.

Existem outros modelos, como fotobiorreatores tipo *flat panels* (laminares) e os fermentadores heterotróficos. Nos *flat panels*, os custos operacionais e o dimensionamento os tornam inviáveis em comparação com outros sistemas. Já as culturas heterotróficas, apesar da boa produtividade e da produção de ácidos graxos poli-insaturados (bastante valorizados para uso na aquicultura), são uma metodologia tolerada por poucas espécies e que não supera a viabilidade dos *raceways* e fotobiorreatores tubulares. Outro fator importante a ser considerado é que, em culturas heterotróficas, as microalgas crescem mais lentamente que bactérias ou leveduras (ERIKSEN, 2012). Além do baixo número de espécies viáveis a esse sistema, Erikssen (2012), destaca ainda a baixa quantidade de compostos com interesse comercial produzidos em sistemas heterotróficos quando comparados aos sistemas fototróficos.

No quadro a seguir, modificado de Paul e Borowitzka (2019), temos a estimativa dos custos de produção das principais espécies de microalgas utilizadas em escala comercial e sistema de produção adotado.

Espécies	Custo de produção estimado (US\$.kg^{-1}, em peso seco)	Sistema de produção
Arthrospira platensis	8-12	Raceway (área acima de 0,5 ha)
Dunaliella salina	5	Sistema extensivo
Chlorella spp.	15-18	Tanques com pivô central
	>50	Fotobiorreatores
Haematococcus pluvialis	>40	Fotobiorreatores
Microalgas usadas na aquicultura (*Tetraselmis*, *Isochrysis*, *Chaetoceros* e *Skeletonema*, por exemplo)	60-1000	Diversos sistemas, sendo os *big bags* um dos mais empregados
Crypthecodinium cohnii	2	Fermentadores heterotróficos

Fonte: Modificado de Paul e Borowitzka (2019).

Requisitos de cultivo

Os parâmetros mais relevantes que atuam na dinâmica do desenvolvimento de culturas de microalgas são luz, temperatura, pH, turbulência, salinidade e nutrientes, com a qualidade e na quantidade correta (BARSANTI; GUALTERI, 2014).

O quadro abaixo, modificado de Coutteau (1996), traz os principais parâmetros, de forma generalizada, para cultivo de microalgas, com suas respectivas faixas de produção:

Parâmetro	Variação	Ótima
Temperatura (°C)	16-27	18-24
Salinidade (g.L^{-1})	12-40	20-24
Intensidade de luz (lux)	1.000-10.000 (depende do volume e da densidade)	2.500-5.000
Fotoperíodo (luz:escuro, horas)		16:8 (mínimo) 24:0 (máximo)
pH	7-9	8,2-8,7

Tanto em condições laboratoriais como em ambientes externos, a intensidade luminosa, para o melhor crescimento das culturas, vai depender da metodologia empregada, uma vez que tanto a baixa oferta como a incidência de luz muito forte podem prejudicar o desenvolvimento das culturas, levando à foto-oxidação das células (SIPAÚBA-TAVARES; ROCHA, 2001). Segundo Hershey (1991), a luz é definida como a radiação visível ao olho humano, nos comprimentos de onda entre 380 e 780 nm. Os comprimentos de onda também são de grande interesse para os vegetais, pois a partir deles é que realizam a fotossíntese. O mesmo autor destaca, porém, que a medição de luz para a visão humana e para a absorção dos vegetais deve ser diferente.

Ainda segundo Hershey (1991), a luz para a visão humana é medida em velas (do termo em inglês, *footcandles* ou fc) ou lux (lx), pelo Sistema Internacional de Unidades, em que 1 vela corresponde a 10,76 lux (ANACC, 2021). Esta não é a forma adequada de medir a luz necessária à fotossíntese, pois os vegetais utilizam diferentes comprimentos de onda, que variam de 400 a 700 nm (visão humana 555 nm). Assim, a unidade ideal para quantificar a luz destinada à fotossíntese é expressa em unidades de quantum de micromoles de fótons por metro quadrado por segundo (μmol.m^{-2}.s^{-1}). O termo PAR ou radiação fotossinteticamente ativa (do inglês, *photosynthetically active radiation*) é tipicamente utilizado com essa unidade, para medições dos comprimentos de onda de 400 a 700 nm (HERSHEY, 1991).

Um aparelho de custo relativamente baixo para a medição da luminosidade é o luxímetro, entretanto o valor é expresso em lux, sendo assim necessária a conversão para a unidade mais apropriada. Segundo Hershey (1991), a conversão de vela/lux para PAR é possível conhecendo-se a fonte de luz. Assim, o valor medido em *fc* é divido por um fator de conversão de acordo com a fonte: 5 para lâmpadas tipo luz do dia; 6,9 para lâmpadas fluorescentes; e 4,6 para incandescentes.

Por exemplo, ao medirmos, com o auxílio de um luxímetro, o valor da iluminância de uma lâmpada fluorescente, o resultado foi 1.000 lx. Qual seria, então, o valor em PAR?

1 fc = 10,76 lx Fator de conversão lâmpada fluorescente = 6,9	Convertendo lux para vela x = 1.000 lx / 10,76 x = 92,94 fc	Convertendo vela para PAR PAR = 92,94 fc / 6,9 PAR = 13,47 $\mu mol.m^{-2}.s^{-1}$

Outro ponto destacado por Sipaúba-Tavares e Rocha (2001) é o fotoperíodo: o ideal é respeitar a origem da espécie, porém é possível adaptar as cepas para fotoperíodos de 12 horas ou de 16/8 (claro e escuro).

Obtenção de cepa

Uma das partes mais importantes, ao se iniciar uma cultura de microalgas, é a obtenção da cepa. Estas podem ser adquiridas em laboratórios especializados ao redor do mundo, seguindo as recomendações e instruções durante a compra ou doação do material.

De modo geral, as cepas são adquiridas em tubos de ensaio contendo uma amostra viável da espécie requerida no meio de cultura original. Cabe ao solicitante realizar os procedimentos corretos para multiplicação do volume. Outra forma de obtenção de uma cepa se inicia com a coleta de algas em ambiente natural seguida de técnicas de isolamento. O êxito no isolamento das espécies de microalgas é uma das etapas essenciais para o sucesso tanto em atividades laboratoriais como em escala comercial (SINGH *et al.*, 2015).

De acordo com Sipaúba-Tavares e Rocha (2001), o isolamento é realizado em um meio que seja adequado ao desenvolvimento da espécie, de maneira tal que se estabeleça uma cultura unialgal. Segundo Venkatesan, Manivasagan e Kim (2015), as três técnicas mais comuns de isolamento de microalgas são: culturas em placas com ágar (do inglês *streaking*); diluição seriada; e isolamento por capilaridade.

Singh *et al.* (2015) descrevem que o isolamento por capilaridade é realizado capturando/coletando a célula individualizada, com uso de uma micropipeta ou tubo capilar com auxílio de um microscópio, e transferindo-a para um frasco contendo meio de cultivo. A técnica requer muita expertise e prática, pois se executada de maneira errada pode danificar as células.

A diluição seriada é um método bem simples. Um pequeno volume de determinada cultura é transferido para outros recipientes, podendo ser tubos de ensaio ou Erlenmeyers, de forma sequenciada, sempre adicionando um volume conhecido, retirando e transferindo para um novo frasco, e dessa forma a amostra vai se diluindo. Diferentes meios de cultura podem ser utilizados, assim como variação de temperatura, intensidade luminosa e fotoperíodo. Espera-se que, após alguns dias, uma espécie domine o ambiente (SIPAÚBA-TAVARES; ROCHA, 2001).

A cultura em placas de Petri com ágar é um método bem comum de isolamento de uma espécie, bem como para a realização de pesquisas e identificação, e é aplicável para uma grande diversidade de espécies. Dos métodos para obtenção de culturas axênicas é o melhor, pois não requer manipulação excessiva nem mudanças na técnica. Consiste em realizar esfregaços ou colocar gotas da amostra de microalga na superfície de placas de Petri contendo ágar preparado em meio de cultura (de acordo com a espécie). Após este procedimento, as placas são mantidas (incubadas) nas condições ideais para o desenvolvimento da espécie desejada. A incubação pode demorar alguns dias (para algumas espécies de microalgas de água doce) ou meses (para algumas espécies de microalgas marinhas) (SINGH *et al.*, 2015).

Outra metodologia de isolamento destacada por Singh *et al.* (2015) é a centrifugação. Na centrífuga, células de diferentes tamanhos vão sedimentar de maneira distinta. É ideal para separar organismos maiores das microalgas, ou separar microalgas de espécies diferentes, formando gradientes variados de acordo com a espécie. O tempo e a velocidade de centrifugação dependem das espécies contidas nos frascos. É uma técnica interessante para ser aplicada em conjunto com outras metodologias de isolamento.

Meios de cultura

Muitas das metodologias e meios de cultura para microalgas utilizados na atualidade foram desenvolvidos no final dos anos de 1800 e começo dos anos de 1900 (PREISIG; ANDERSEN, 2005). Como já citado, Cohn foi o primeiro a cultivar microalgas, porém, na sua metodologia, não realizou o isolamento nem utilizou um meio de cultura específico. Isto só veio a ocorrer, pela primeira vez, em 1871, quando o fisiologista botânico Famintzin cultivou, a partir de sais inorgânicos, as microalgas *Chlorococcum infusionum* e *Protococcus viridis* (PREISIG; ANDERSEN, 2005).

Muitos dos meios de cultura desenvolvidos para microalgas contêm nitrogênio e fósforo como macronutrientes (SOUTHGATE, 2019). Segundo o autor, assumindo que sejam garantidas as condições físicas ideais para o cultivo, como luz (fotoperíodo e intensidade luminosa adequada), temperatura e salinidade, o fornecimento dos nutrientes vai ser determinante para a composição bioquímica das microalgas.

Para seu desenvolvimento, as microalgas vão requerer uma variedade de nutrientes inorgânicos, como nitrogênio, fósforo e vitaminas. Outros serão requeridos como elementos-traço, tais como ferro, manganês, selênio, zinco, cobalto e níquel (SINGH *et al.*, 2015).

Um meio de cultura, geralmente, é constituído de três componentes: macronutrientes, elementos-traço e vitaminas. Para cada um é preparada uma solução estoque, da qual, em seguida, é retirado determinado volume, que dará origem ao meio de cultivo propriamente dito (WATANABE, 2004). De acordo com o mesmo autor, no geral, as soluções estoque são preparadas da seguinte maneira:

- ◆ Adiciona-se de 80 a 90% do volume requerido de água destilada ou deionizada em um becker.
- ◆ Dissolvem-se os nutrientes, previamente pesados. Alguns são facilmente dissolvidos por meio da agitação constante da água; outros vão necessitar que a água seja aquecida ou que o pH seja alterado.
- ◆ Em seguida, completa-se o volume com água destilada/deionizada.
- ◆ As soluções são então transferidas para frascos, previamente limpos e esterilizados, de plástico ou vidro, para evitar alteração

na concentração dos compostos. Os frascos devem ser bem vedados para evitar a evaporação.

♦ Armazena-se sob refrigeração (4°C).

Os macronutrientes, geralmente, são nitrogênio, fósforo e sílica, sendo que esta última é requerida apenas por diatomáceas. Na maioria dos meios não há balanceamento das concentrações necessárias ao crescimento das algas (HARRISON; BERGES, 2004). Os autores destacam ainda que, nos meios de cultura mais populares, a razão nitrogênio:fósforo será de pelo menos 16:1, indicando que o fósforo em determinado momento se tornará fator limitante de crescimento.

Segundo Watanabe (2004), os meios de cultura se dividem em três categorias:

♦ Sintéticos: são meios artificiais definidos, destinados a pesquisas experimentais mais sensíveis e de fisiologia ou à manutenção rotineira das espécies. Podem ser feitos tanto de forma líquida como em placas com ágar. São produzidos a partir de água destilada ou deionizada.

♦ Enriquecidos: são feitos a partir da adição de nutrientes em águas naturais, ou seja, águas coletadas em rios, lagos ou no mar, podendo ainda ser feitos a partir de extratos de solos. A concentração dos nutrientes já presentes nas águas coletadas é desconhecida, por isso são considerados meios de cultura não definidos e, assim, não são ideais para experimentos fisiológicos.

♦ Lixiviado de solo: são preparados adicionando, em tubos de ensaio, de 1 a 2 cm de solo. Dessa forma simula-se o que acontece na natureza, em que, a partir do substrato, os nutrientes vão se difundindo para a água. A composição do meio depende do tipo de solo adotado. As culturas mantidas a partir desta metodologia vão apresentar morfologia natural e o crescimento é confiável.

Por fim, cabe ao produtor, de acordo com a espécie a ser cultivada, observar qual meio de cultura se apresenta mais viável tanto do ponto de vista produtivo como do ponto de vista financeiro. Alguns meios de cultura são destinados exclusivamente à produção laboratorial, enquanto outros são utilizados em cultivos de larga escala. Nos sítios eletrônicos de laboratórios especializados na produção e manutenção de coleções de microalgas é possível encontrar uma lista dos meios de cultura e as formas de preparo.

Em vez fornecer uma extensa lista de meios, deixamos a critério do leitor buscar o meio de cultura que achar mais conveniente ou que melhor se adapte à realidade da sua unidade produtiva. Entretanto, esclarecemos que em nossos trabalhos utilizamos os meios Guillard f/2 (GUILLARD, 1975) e Jourdan modificado (JOURDAN, 2001).

Fatores limitantes e controladores

Todo organismo vai apresentar um mínimo e um máximo ecológico, ou seja, requisitos dentro de limites ideais para sua sobrevivência. A amplitude entre esses parâmetros é conhecida como limites de tolerância, postulados na Lei de Tolerância de Shelford (ODUM; BARRETT, 2007).

Há várias condições em que o suprimento de nutrientes vai impor estresse à fisiologia celular, o que pode ser descrito como *limitação* (MACINTYRE; CULLEN, 2005). Ainda de acordo com os autores, a limitação se refere a um crescimento aclimatado com a taxa de crescimento reduzindo à medida que a disponibilidade de nutrientes diminui; *privação* (do termo em inglês, *starvation*) refere-se a um crescimento desbalanceado e é uma resposta à depleção brusca de nutrientes.

De acordo com Odum e Barrett (2007), qualquer condição que exceda ou se aproxime de um limite de tolerância é conhecida como uma condição limitante. A limitação é usada para descrever qualquer restrição de crescimento relacionada com a disponibilidade de nutrientes, podendo se referir a duas circunstâncias distintas: Lei do Mínimo de Leibig e Limitação de Blackman (MACINTYRE; CULLEN, 2005).

Segundo Odum e Barrett (2007), o crescimento de uma planta depende da disponibilidade dos nutrientes, estando estes presentes em concentrações mínimas. Esta é a Lei do Mínimo de Liebig, sendo aplicável preferencialmente em condições estáveis. Já a Limitação de Blackman (BLACKMAN, 1905) define que a taxa de um processo vai ser regulada (ou limitada) pelo ritmo ou disponibilidade do fator mais limitante.

A Lei do Mínimo de Liebig é amplamente utilizada na agronomia, sendo mais aplicável em estudos sobre produção de biomassa, relacionando os efeitos da limitação (de nutrientes, por exemplo) sobre a produtividade. A Limitação de Blackman baseia-se em parâmetros cinéticos, como taxa de crescimento e taxa de fotossíntese, e em como os fatores limitantes interferem nesses parâmetros, não se relacionando com produtividade e rendimento (MACINTYRE; CULLEN, 2005; SOONG *et al.*, 2020).

Segundo Boyd (2012), para o fitoplâncton e plantas aquáticas, a concentração de fósforo e nitrogênio é o fator limitante mais comum, porém, em águas com alcalinidade muito elevada ou muito baixa, a falta de dióxido de carbono pode limitar o crescimento vegetal.

De acordo com Odum e Barrett (2007), outro postulado da Lei do Mínimo de Leibig trata do *fator de interação*. Como exemplo temos que uma substância, que não é a limitante, mas se encontra em elevada concentração no ambiente e é quimicamente relacionada (à limitante), pode substituir, no caso, a substância limitante.

Assim, Boyd (2012) afirma que um fator que limite o crescimento do fitoplâncton pode sempre ser substituído por outro (de acordo com o postulado do fator de interação), quer seja um nutriente ou uma condição ambiental, como disponibilidade de luz (em dias nublados), turbidez, variação de temperatura e pH.

Ainda segundo Boyd (2012), a Lei de Tolerância de Shelford expande o conceito de Leibig (Figura 3.2), pois um fator que se encontra ausente ou insuficiente (abaixo do mínimo), ou em excesso (acima do máximo), vai limitar o crescimento e/ou ser prejudicial ao crescimento das microalgas, a ponto de provocar sua morte.

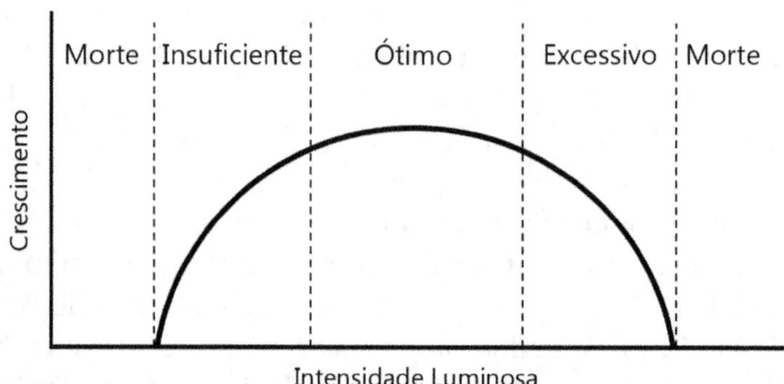

Figura 3.2   Representação da Lei de Tolerância de Shelford para o crescimento de microalgas sob influência da variação de luminosidade. *Fonte*: Modificado de Boyd (2012).

As culturas de microalgas, para se desenvolverem, vão requerer: movimentação/circulação da água, um meio nutritivo e luz (SOUTHGATE, 2019). Segundo Sipaúba-Tavares e Rocha (2001), os fatores considerados limitantes para a produção de microalgas são luz e concentração de nutrientes; já os fatores controladores serão aqueles que determinam a taxa em que as microalgas podem utilizar os fatores limitantes, com destaque para o balanço iônico, temperatura e pH.

Acompanhamento das culturas

Fases de desenvolvimento

O crescimento das microalgas segue um padrão e consiste em fases distintas (Figura 3.3). Nos cultivos que adotam a metodologia *batch* é possível observar todas as fases de desenvolvimento das culturas (BARSANTI; GUALTIERI, 2014).

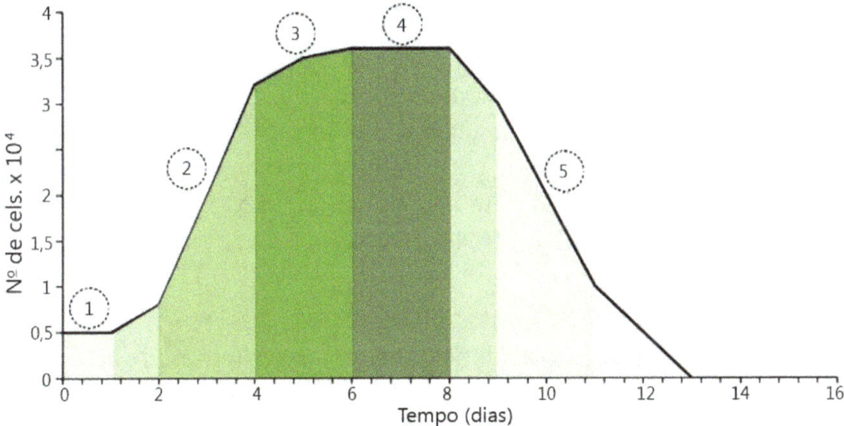

Figura 3.3 Representação das fases de desenvolvimento de uma cultura hipotética de microalga em cultivo do tipo *batch*. A passagem de uma fase para outra está representada tanto pela curva de crescimento como pela mudança de coloração que normalmente ocorre nos cultivos. No intervalo entre o dia 0 e 1, *fase lag*; entre os dias 1 e 4, *fase exponencial*; entre os dias 4 e 6, *fase de redução de crescimento* (é tão rápida que muitas vezes pode passar despercebida); entre os dias 6 e 8, *fase estacionária*; e, a partir do dia 8, *fase de morte ou senescência*. *Fonte*: Autor.

As principais fases, segundo Coutteau, (1996), são: fase de indução (ou *lag*); fase de crescimento exponencial (ou *log*); fase de redução de crescimento; fase estacionária; e, por fim, fase de declínio ou senescente.

Já de acordo com Barsanti e Gualtieri (2014), entre a fase de indução e a fase de crescimento exponencial tem-se uma sexta fase, denominada de *fase de aceleração de crescimento*, um período em que há rápido desenvolvimento da cultura, aumentando a taxa de crescimento (r) até um valor máximo, quando então esse valor se estabiliza, atingindo-se a fase exponencial de desenvolvimento.

Já Southgate (2019) relata a existência de apenas quatro fases, pois, para o autor, a fase de redução de crescimento e a fase estacionária ocorrem juntas.

As características de cada uma das fases, segundo Sipaúba-Tavares e Rocha, (2001), Barsanti e Gualteri (2014) e Southgate (2019), são:

♦ *Fase de indução ou lag*: ocorre logo após a inoculação. A maioria das células está viável, mas o crescimento não necessariamente ocorre. É marcada pela busca das células em se adaptar ao ambiente e, com o aumento nos níveis enzimáticos, iniciar um processo mais intenso de reprodução. A densidade vai variar pouco, sendo a taxa de crescimento considerada zero para esta fase. A duração desta etapa de desenvolvimento pode ser longa ao se transferir a cultura de um meio sólido para um meio líquido.

♦ *Fase exponencial ou log*: é marcada pelo rápido aumento populacional, com uma taxa de crescimento máxima, variando conforme a espécie, de acordo com a seguinte função exponencial (BARSANTI; GUALTERI, 2014):

$$N_2 = N_1.e^{r(t2-t1)}$$

em que N_2 e N_1 são as densidades celulares (em nº de células ou colônias) nos determinados tempos t_2 e t_1, respectivamente; r é a taxa de crescimento.

No final da fase exponencial, o crescimento já não é mais nem exponencial nem balanceado e, uma vez que os nutrientes vão sendo rapidamente consumidos, dada a elevada densidade celular, as células já não conseguem se aclimatar, considerando-se que há constante mudança na concentração dos nutrientes, chegando ao ponto em que nem cresce mais nem se adapta mais ao ambiente (MACINTYRE; CULLEN, 2005).

♦ *Fase de redução de crescimento*: os nutrientes começam a se tornar limitantes e o tempo necessário para a duplicação celular aumenta, o que reduz a taxa de crescimento. A elevada densidade celular faz com que a luz penetre com dificuldade, diminuindo a disponibilidade de luz por unidade celular (autossombreamento). Ocorre também o aumento da concentração de metabólitos e alterações de fatores ambientais, como, por exemplo, o pH, o que pode afetar a atividade fotossintética.

♦ *Fase estacionária*: as células vão consumindo os nutrientes do meio e os nutrientes chegam a uma concentração mínima que não supre as demandas das células. Nesse momento, as células entram em privação de nutrientes. Em seguida, a taxa de crescimento decai a zero, a limitação de nutrientes chega a seu limite e as células entram numa fase estacionária (MACINTYRE; CULLEN, 2005). A taxa de divisão celular vai diminuindo e, então, se forma um platô. Não há mais incremento populacional, ou seja, a taxa de crescimento não compensa a taxa de mortalidade. Todos os fatores limitantes citados na fase anterior se acentuam e podem levar à produção de substâncias tóxicas.

♦ Por fim, quando os nutrientes são consumidos e há excesso de metabólitos dissolvidos, as culturas entram na *fase de declínio ou senescência*, caracterizada pela acentuada redução da densidade celular. As taxas de mortalidade são superiores às de reprodução e o número de células viáveis decresce geometricamente.

Em algumas culturas algais, e de acordo com a finalidade da biomassa, as fases citadas podem não ser percebidas, dada a rapidez com que ocorrem. Além disso, dependendo da metodologia empregada, a cultura não atingirá determinada fase.

Segundo Coutteau (1996), as culturas vão entrar em fase de declínio por uma série de razões, incluindo a diminuição de nutrientes, disponibilidade de oxigênio, elevação da temperatura, variação de pH ou por contaminação. O autor destaca ainda que o sucesso na produção de microalgas reside na manutenção das culturas sempre na fase exponencial de crescimento, uma vez que, a partir da fase de redução de crescimento, o valor nutricional da alga vai ser inferior em virtude da redução de digestibilidade, composição deficiente e possibilidade de produção de metabólitos tóxicos.

Determinação da densidade celular

A determinação do desenvolvimento de culturas de microalgas é bastante complicada devido ao tamanho celular (SINGH *et al.*, 2015). Existem diferentes metodologias para determinar a densidade celular e quantificar a biomassa produzida com base na contagem celular, determinação do volume e densidade óptica pelo peso, dentre outras opções (COUTTEAU, 1996). Esse valor pode ser expresso pela biomassa produzida, número de células ou colônias, por meio da quantificação de pigmentos ou proteínas durante um intervalo de tempo (SINGH *et al.*, 2015).

Saber a densidade celular momentânea de uma cultura microalgal é importantíssimo para as mais diversas aplicações comerciais às quais são destinadas as biomassas e seus subprodutos, mas, principalmente, para a oferta como alimente vivo, em que a concentração do alimento é um fator determinante para a sobrevivência dos organismos que estão em cultivo (SIPAÚBA-TAVARES; ROCHA, 2001).

Contagem celular

A contagem celular pode ser realizada com o uso de contadores eletrônicos de partículas ou hemocitômetro em um microscópio (COUTTEAU, 1996). Algumas espécies de organismos fitoplanctônicos são unicelulares; outras formam colônias ou filamentos (MARSHALL, 2017). O mesmo autor alerta que, devido a essas variações nos arranjos celulares, surge um problema, como, por exemplo, no caso do gênero *Desmodesmus*, que é formado por espécies que se unem em colônias de quatro células (Figura 3.4). Logo, ao ser observado, reporta-se uma única colônia ou quatro células?

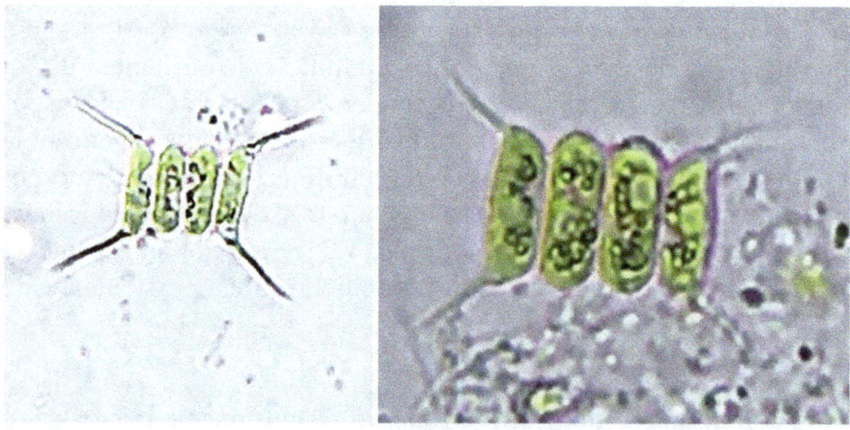

Figura 3.4 Colônias de *Desmodesmus* sp. *Fonte*: Autor.

Já Marshall (2017) esclarece que as duas formas estão corretas: contagem por unidade celular ou unidade natural (do termo em inglês, *natural unit*). Segundo o autor, a unidade natural retrata a forma como os organismos são encontrados na natureza.

Para Ehrlich (2010), a contagem celular direta por microscopia é um método que vai permitir simultaneamente a identificação das espécies. Segundo a autora, todo e qualquer método de avaliação vai ter limitações na precisão, mas a contagem direta apresenta algumas vantagens, como:

- ◆ estimar o número de organismos e células com precisão superior a 90%;
- ◆ eliminar erros com a matéria orgânica em suspensão presente na amostra, que geralmente vão ocorrer em análises ópticas ou em análises de peso seco;
- ◆ permitir a observação da morfologia celular, saúde e o estado da cultura;
- ◆ eliminar erros ambientais e variação de espécies, erros estes observados em contadores de partículas ou por estimativa de pigmentos.

A densidade ou a concentração de organismos por contagem celular pode ser reportada de três formas distintas (MARSHALL, 2017): contagem total de células (céls.mL^{-1}); contagem total de unidade naturais (UN.mL^{-1}); e contagem de unidade por área padronizada (unids.mL^{-1}). Ainda de acordo com Marshall (2017), a contagem total de células é muito demorada e tediosa, especialmente se contarmos cada célula que faz parte de uma colônia ou filamento. A contagem de unidades naturais é bem mais simples de ser executada, entretanto, dependendo da forma como foi manuseada ou preservada a amostra, algumas células periféricas podem se desprender das colônias. Já o método de contagem por unidade de área padronizada é o menos usual dos três: são contadas as células presentes em quatro quadrados com a área conhecida, em uma régua específica (Whipple *grid* ou retículo de Whipple quadriculado) posicionada no microscópio sob um aumento também conhecido.

Outro ponto destacado por Marshall (2017) é a não realização de contagens de organismos vivos e móveis, pois estes podem ser atraídos ou repelidos pela luz ou calor e vão se deslocar para dentro e para fora do campo de visão da ocular.

Para Cotteau (1996), a principal dificuldade na aplicação da contagem celular direta é a sua reprodutibilidade, ou seja, uma amostra nunca vai ser igual a outra. Essa metodologia vai depender da amostra, da diluição e do preenchimento da câmara de contagem, e esta, inclusive, deve ser adequada à espécie e à concentração celular. As principais câmaras de contagem são Sedgewick-Rafter, Palmer-Maloney, hemocitômetro ou câmara de Neubauer (espelhada ou melhorada) e câmara de Utermöhl (EHRLICH, 2010).

A câmara de Neubauer ou hemocitômetro é uma das principais câmaras utilizadas para a contagem e estimativa da densidade celular de microalgas. Segundo Sipaúba-Tavares e Rocha (2001), a câmara de Neubauer é uma lâmina de vidro retangular que em um dos lados possui a forma de H com depressões laterais de 0,1 mm de profundidade. Ela é utilizada essencialmente para células algais com 2 a 30 μm de diâmetro e cultura com densidades de 5 x 10^8 células.mL^{-1}. Possui ainda uma área total de 9 mm², com duas unidades de contagem, uma superior e outra inferior. Essas unidades de contagem se subdividem em quatro quadrantes (ABCD) de 1 mm² de área, subdivididos em 64 quadrados, com cada quadrante tendo um total de 16 quadrados. No centro ou quadrante E, haverá 25 quadrados menores de 0,04 mm² de área e, da mesma forma, cada quadrado vai se subdividir em 16 quadrados (Figura 3.5).

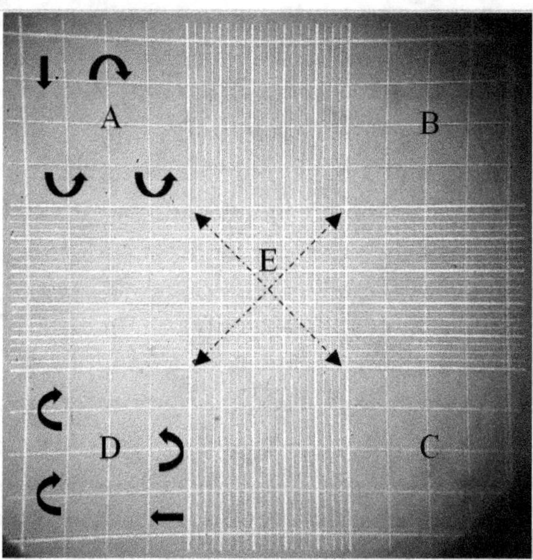

Figura 3.5 Imagem de uma unidade de contagem da câmara de Neubauer. Os quadrantes ABCD são utilizados para contagem de células maiores, já no quadrante E temos 25 quadrados menores, destinados às células bem menores, uma vez que, de acordo com a densidade celular, se tornará impraticável a contagem nos quadrantes ABCD. *Fonte*: Autor.

Dependendo do tamanho celular, a contagem se dará ou nos quadrantes maiores ou nos quadrados centrais menores.

Segundo Sipaúba-Tavares e Rocha (2001), o procedimento de preenchimento e contagem na câmara de Neubauer é realizado da seguinte maneira:

1. Coletar uma amostra da cultura algal (de 5 a 10 mL), dispor em tubo de ensaio e, se necessário, adicionar uma gota de lugol. Misturar bem.

2. Limpar a câmara e posicionar a lamínula na área central.

3. Com o auxílio de uma pipeta Pasteur, preencher a câmara com a amostra a partir da ranhura em "V" na superfície central da lâmina.

4. Verificar se a distribuição foi igual nas duas unidades de contagem da câmara, evitando a formação de bolhas. Caso o procedimento não tenha sido realizado corretamente, reiniciar o processo.

5. Aguardar a sedimentação por até cinco minutos (por experiência própria, na grande maioria dos casos, dois minutos são suficientes) e em seguida realizar a contagem. Busque se posicionar no laboratório em local que não seja afetado pela circulação de ar promovida pelo aparelho de ar-condicionado, pois isto vai diminuir o tempo útil da amostra.

A densidade algal é determinada pela contagem das células nos quadrantes, em qualquer um dos quadrantes (ABCD), adotando uma ordem ou uma movimentação padrão, seja ela da esquerda para a direita, de cima para baixo, etc. No quadrante E, a contagem é realizada em cinco quadrados, sejam estes nas diagonais ou nas quatro extremidades e no quadrado do centro, como exemplificado na Figura 3.5.

Ao utilizar câmaras de contagem de células é importante estabelecer algumas convenções ou padronizações no procedimento a ser realizado pelo observador, principalmente para organismos que precipitam nas marcações fronteiriças das câmaras, como, por exemplo, delimitar quais marcações vão fazer parte da contagem (MARSHALL, 2017).

Na Figura 3.6, temos um exemplo de um dos quadrantes da câmara de Neubauer preenchida com uma amostra de microalga. O quadrante da câmara é delimitado por três linhas em todos os lados, dessa forma o observador pode padronizar sua contagem. É possível atribuir que as células, no ato de preenchimento da câmara, que se posicionaram principalmente da linha central em direção à linha interna (circuladas na imagem em amarelo) podem ser contadas, já aquelas posicionadas da linha central para fora (circuladas na imagem em vermelho) podem ser desconsideradas na contagem.

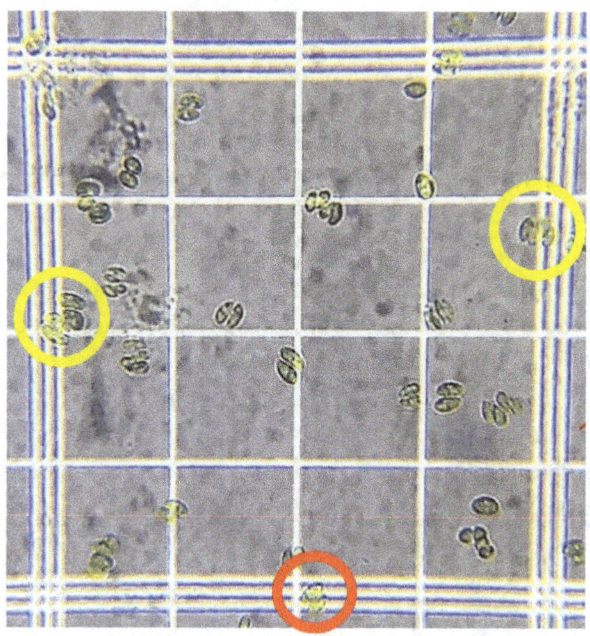

Figura 3.6 Representação de um quadrante da câmara de Neubauer, exemplificando como o observador pode padronizar a contagem das células. *Fonte*: Autor.

Após a realização das contagens, a densidade celular é determinada pelas equações a seguir (SIPAÚBA-TAVARES; ROCHA, 2001):

1. Para os quadrantes ABCD:

$$d = n° \text{ de células contadas} \times 10^4/n° \text{ de blocos contados}$$

2. Para o quadrante E:

$$d = n° \text{ de células contadas}/10 \times 4 \times 10^{-6}$$

em que o número 10 representa os quadrados contados em E (5 na unidade superior e 5 na inferior) e 4×10^{-6} representa o volume das amostras sobre os quadrados pequenos; os valores são expressos em células.mL^{-1}.

Espectrometria ou densidade óptica

A avaliação do desenvolvimento das culturas por espectrometria vai depender diretamente da densidade da cultura e do conteúdo de clorofila. É um método rápido e fácil de ser executado, o principal problema em sua aplicação envolve a presença de partículas e sólidos em suspensão (SINGH *et al.*, 2015).

As amostras são lidas em um espectrofotômetro e determina-se, então, a transmitância (nm) (SIPAÚBA-TAVARES; ROCHA, 2001). Em conjunto com a contagem celular é possível fazer a regressão linear da cultura e, assim, acompanhar a densidade celular pela relação com a densidade óptica.

De acordo com Singh *et al.* (2015), os comprimentos de onda ideais para avaliar o crescimento das culturas de microalgas variam de 400 a 700 nm (vide Requisitos de Cultivo).

Coutteau (1996) destaca que a relação entre densidade óptica e concentração celular, de acordo com a metodologia de cultivo empregada, pode ser afetada pela quantidade de clorofila produzida, em que culturas mantidas sob baixa luminosidade apresentam maior produção de pigmentos e, assim, podem apresentar maiores valores de leitura em espectrofotômetro.

Estimativa de biomassa

Biomassa é a quantidade total de massa produzida por um organismo vivo, por área ou volume (MARSHALL, 2017). Os métodos mais precisos para estimativa da biomassa são peso seco, peso seco livre de cinzas ou volume produzido pelo organismo.

Quantificar o peso seco de uma cultura é a forma mais direta de estimar a produção de uma biomassa (COUTTEAU, 1996). Para quantificar a biomassa é necessária a transferência ou mudança da avaliação de número de células para peso (MARSHALL, 2017).

Por fim, a avaliação da densidade celular por volume é realizada centrifugando-se um volume conhecido da amostra. Após o procedimento, mede-se o volume da pasta de algas sedimentada (COUTTEAU, 1996).

Cinética de crescimento

A cinética de crescimento é definida como uma série de modelos matemáticos e análises utilizadas para projetar o crescimento e a produtividade em experimentos envolvendo microrganismos, além de interpretação e previsão de resultados, sendo a taxa de crescimento específica o principal conceito utilizado (WEISSMAN; NIELSEN, 2016).

A manifestação de cada uma das fases citadas vai estar relacionada com a taxa de crescimento específica (do inglês, *specific growth rate*), simbolizada pela letra *r*. A taxa de crescimento é dependente da espécie de alga adotada e dos parâmetros de cultivo, como intensidade de luz, temperatura, disponibilidade de nutrientes, dentre outros (BARSANTI; GUALTERI, 2014).

Segundo Lourenço (2006), a partir do acompanhamento das fases de desenvolvimento das culturas, e com base nos dados de números de células (colônias ou tricomas, no caso da *Spirulina*, por exemplo), é possível obter a taxa de crescimento instantâneo, ou simplesmente taxa de crescimento (*r*), em determinado intervalo de tempo, $t_1 - t_0$ por exemplo, de acordo com a seguinte equação:

$$r = \text{Log}_{N'}.(N_f/N_0)/\Delta_t$$

em que N_f/N_0 é a razão da densidade celular no intervalo observado, em n° de células.mL^{-1}, e Δ_t é o tempo de cultivo em dias ou no intervalo observado.

É possível calcular, ainda, o número de divisões por dia, expresso pela letra *k*, de acordo com a equação:

$$k = \text{Log}_2.(N_f/N_0)/\Delta_t$$

sendo as descrições de N_f/N_0 e Δ_t iguais às da equação anterior.

Já o tempo de geração (G_2), ou tempo de duplicação (T_2), é calculado a partir de *r*, em que:

$$G_2 = L_n2/r \text{ ou } G_2 = 0{,}6931/r$$

sendo o valor 0,6931 correspondente ao logaritmo natural de 2, o *r* deve ser correspondente ao intervalo de tempo que se deseja observar, podendo inclusive ser calculado o tempo de geração em cada fase ou de todo o cultivo.

A produtividade celular (P_x) é obtida através da equação:

$$P_x = (X_f - X_i)/T_c$$

em que X_f é o maior valor de densidade celular obtido, X_i é a densidade celular após a inoculação e T_c é o tempo de cultivo necessário para se obter a maior densidade. O rendimento de biomassa é expresso pela produção ou peso por unidade de volume ($g.L^{-1}$), já a produtividade de biomassa depende do rendimento de biomassa por unidade de tempo ($g.L^{-1}.h^{-1}$ ou $g.L^{-1}.d^{-1}$) (PIRES, 2015).

Para exemplificar, segue uma representação desses cálculos cinéticos, na forma de uma tabela gerada no Microsoft Excel. Os dados foram obtidos a partir de um cultivo da microalga *Arthrospira platensis* em efluente do cultivo de tilápias do Nilo (*Oreochromis niloticus*).

Intervalo de tempo (dias)	d2/d0	χ e DP	d4/d2	χ e DP	d6/d4	χ e DP	d8/d6	χ e DP	d10/d8	χ e DP	d12/d10	χ e DP	d10/d0	χ e DP
	2,06		1,35		1,83		1,15		1,33		0,55		7,82	
N_t/N_0 (Densidade celular)	1,38	1,68	2,76	2,04	1,61	1,71	1,25	1,30	1,09	1,20	0,53	0,61	8,41	8,55
	1,59		2,00		1,70		1,49		1,17		0,75		9,41	
	1,05		0,44		0,87		0,20		0,42		-0,86		2,97	
$Log_2 (N_t/N_0)$	0,47	0,73	1,46	0,97	0,69	0,78	0,33	0,37	0,13	0,26	-0,91	-0,73	3,07	3,09
	0,67		1,00		0,77		0,58		0,22		-0,41		3,23	
	0,73		0,30		0,61		0,14		0,29		-0,59		2,06	
$Log_N (N_t/N_0)$	0,32	0,50	1,01	0,67	0,48	0,54	0,23	0,25	0,09	0,18	-0,63	-0,50	2,13	2,14
	0,46		0,69		0,53		0,40		0,15		-0,29		2,24	
$\Delta t (T_f-T_0)$	2		2		2		2		2		2		10	
	0,36		0,15		0,30		0,07		0,14		-0,30		0,21	
r (tx de crescimento)	0,16	0,25	0,51	0,33	0,24	0,27	0,11	0,13	0,05	0,09	-0,32	-0,25	0,21	0,21
	0,23		0,35		0,27		0,20		0,08		-0,14		0,22	
	0,52		0,22		0,44		0,10		0,21		-0,43		0,30	
k (divisões . dia^{-1})	0,23	0,36	0,73	0,48	0,34	0,39	0,16	0,18	0,07	0,13	-0,46	-0,36	0,31	0,31
	0,33		0,50		0,38		0,29		0,11		-0,21		0,32	
	1,91		4,59		2,29		10,14		4,82		-2,34		3,37	
G_2 (tempo de geração)	4,30	3,07	1,37	2,65	2,91	2,60	6,12	6,58	15,36	9,72	-2,19	-3,12	3,25	3,24
	2,99		2,00		2,61		3,47		8,98		-4,83		3,09	

Fonte: Autor.

Coleta de biomassa

A biomassa de microalgas pode ser obtida das seguintes formas (BEGUM *et al.*, 2019):

♦ · Sedimentação por gravidade: as culturas são diluídas e, após homogeneização, são deixadas para sedimentar em um ambiente escuro à temperatura de 27°C. Depois de um certo período, a biomassa será observada no fundo do recipiente.

♦ · Centrifugação: procedimento ideal para biomassas com uso na alimentação, bebidas e indústria farmacêutica. A força centrífuga aplicada no processo vai resultar na sedimentação da biomassa. Segundo os autores, se aplicadas 13.000 vezes a força G, é possível obter cerca de 95% de biomassa.

♦ Filtração: um dos mecanismos mais competitivos para separar as células do meio de cultura. Diferentes tipos de membranas filtrantes podem ser utilizadas e categorizadas, de acordo com o tamanho dos poros, em: macrofiltração (poros > 10 μm), micro-filtração (poros 0,1-10 μm), ultrafiltração (0,02-0,2 μm) e osmose reversa (<0,001 μm).

♦ Flotação: baseia-se na agregação de partículas por meio de bolhas de ar. Subdivide-se em quatro mecanismos distintos: flotação por dispersão de ar, flotação por dissolução de ar, flotação por geração de microbolhas e flotação eletrolítica.

♦ Floculação: as células vão formar um agregado (floco) pela adição de um ou mais reagentes químicos. A parede celular das microalgas possui carga negativa que previne a autoagregação. Com a adição dos agentes floculantes, essas cargas negativas são atacadas e a floculação ocorre. A floculação pode ocorrer de duas maneiras distintas: floculação por indução férrica ou floculação por variação de pH.

Aplicação na aquicultura

As microalgas são indispensáveis em larviculturas comerciais, sendo utilizadas como alimento vivo de estágios iniciais de larvas de peixes e crustáceos, e em todos os estágios de produção de moluscos, além de servirem como alimento para a produção de organismos zooplanctô-nicos (COUTTEAU, 1996). Ainda segundo o mesmo autor, nem todas as espécies serão bem-sucedidas no uso como alimento vivo. As espécies viáveis para este fim devem possuir:

♦ potencial para produção em massa;
♦ tamanho celular adequado (ao aparato bucal/digestivo da espécie-alvo);
♦ boa digestibilidade;
♦ valor nutricional adequado.

Como produtores primários, toda a cadeia de captura de pescado depende dos organismos fitoplanctônicos (CHISTI, 2020). Uma vez que são a base da teia trófica marinha, as microalgas também podem ser consideradas a base da produção de alimento (ração) para a aquicul-tura (CHISTI, 2018). Ainda segundo o mesmo autor, o principal componente das rações são farinha e óleo de peixe, naturalmente, derivados do consumo de microalgas pelos peixes. Como forma de minimizar o consumo da farinha e do óleo de peixe, culturas vegetais tradicionais podem ser utilizadas, porém não suprem todos os reque-rimentos nutricionais presentes no óleo e na farinha de peixe. De acordo com Sarker *et al.* (2016), a biomassa processada de microalgas até poderia substituir as concentrações de farinha e óleo de peixe na formulação das rações, mas para isso devem ser produzidas em grandes quantidades e a baixo custo.

Chisti (2018) destaca que, além da importância já apresentada, as microalgas são fonte de outros nutrientes essenciais, como a astaxantina, um pigmento extraído da microalga *Haematococcus pluvialis*, requerido na dieta de salmão.

Nem todas as espécies de microalgas podem compor a ração ou fazer parte da dieta das espécies-alvo da aquicultura (WIKFORS; OHNO, 2001). Para serem viáveis devem apresentar boa composição nutricional, fácil ingestão e digestibilidade, capacidade de produção em massa e ser livre de substâncias potencialmente tóxicas. As principais espécies de microalgas utilizadas na aquicultura, segundo os autores, pertencem aos gêneros: *Isochrysis, Pavlova, Nannochloropsis, Tetraselmis, Thalassiosira* e *Chaetoceros*.

Por fim, as microalgas ainda vão compor a dieta de outros organismos, no caso os zooplanctônicos, que são utilizados como alimento vivo em larviculturas, tanto para manutenção dessas culturas como para promover o bioenriquecimento desses organismos (CHISTI, 2018).

Biotecnologia aplicada às microalgas

Relatos do primeiro uso das microalgas por humanos datam de mais de 2.000 anos atrás, com o consumo de Nostoc por povos chineses, em períodos de escassez alimentar. A biotecnologia aplicada, entretanto, desenvolveu-se de forma mais intensa na segunda metade do século passado, sendo as microalgas cultivadas como fonte de moléculas de elevado interesse comercial (PRIYADARSHANT; RATH, 2012).

Durante o metabolismo, as microalgas são capazes de sintetizar vários compostos de interesse comercial na nutrição, nos cosméticos e na indústria farmacêutica (MULLER-FEUGA; MOAL; KAAS, 2003). Polímeros diversos, peptídeos, ácidos graxos, toxinas, carotenoides e esteróis são exemplos de compostos bioativos produzidos pelas microalgas (VENKATESAN; MANIVASAGAN; KIM, 2015).

As aplicações biotecnológicas vão requer que as microalgas sejam adaptadas aos parâmetros do sistema de cultivo adotado, tais como disponibilidade de luz, nutrientes e temperatura, permitindo, assim, que as culturas alcancem elevadas taxas de crescimento individual e produtividade (RAVEN; BEARDALL, 2016). Ainda segundo os mesmos autores, desses processos são obtidos vários compostos, como óleos usados para produção de biocombustíveis ou para suplementação nutricional, carotenoides, polissacarídeos e outros componentes de parede celular e a biomassa destinada a produtos alimentícios ou rações animais.

No quadro a seguir, temos os principais produtos fitoquímicos extraídos de microalgas, segundo Levine (2018):

Carotenoides	Fenólicos	Compostos nitrogenados	Esterólicos	Polissacarídeos
α-caroteno	Ácido fenólico	Ficocianina	Colesterol	Polissacarídeos sulfatados
β-caroteno	Resveratrol	Ficoeritrina	B-sitosterol	Spirulans
Luteína		Aloficocianina	Demesterol	B-glucanas
Zeaxantina		Provitamina A	Fucosterol	
Astaxantina		Vitamina E	Stigmasterol	
Cantaxantina		Ácido Ascórbico	Metilesterol	
Licopeno		Ácido fólico	Campesterol	
β-cryptoxantina		Cobalamina	Brassicasterol	
			Colestanol	

Outras aplicações comerciais

Escolher corretamente a espécie de microalga é muito importante para tornar a produção eficiente e viável economicamente. Os critérios de seleção vão depender dos produtos que serão explorados comercialmente (SINGH *et al.*, 2015).

As microalgas vão produzir numerosos compostos bioativos que têm aplicações comerciais (PRIYADARSHANT; RATH, 2012). Tanto o desenvolvimento ótimo da cultura como a produção de compostos bioativos são dependentes de alguns fatores, como fisiologia do crescimento, tolerância aos fatores bióticos e abióticos dos cultivos, produção de metabólitos e disponibilidade de nutrientes (SINGH *et al.*, 2015).

De acordo com Chisti (2018), os principais produtos e processos derivados de microalgas são:

◆ Pigmentos e corantes: Astaxantina, β-caroteno, luteína, ficobilinas, clorofila.

- Farmacêuticos: extratos, óleos, polissacarídeos sulfatados e carotenoides.
- Rações: aquicultura e suplemento na dieta animal.
- Dieta humana, suplementos: *Chlorella*, *Arthrospira* e *Dunaliella*.
- Ácidos graxos altamente insaturados: EPA, DHA, ácidos araquidônico e γ-linolênico.
- Biocombustíveis: biogás, biodiesel, bio-hidrogênio, etanol, dentre outros.
- Fitorremediação e tratamento de água: remoção de nutrientes e adsorção de metais pesados.
- Biofertilizantes.
- Toxinas.

Aplicações comerciais e industriais das microalgas, segundo Priyadarshant e Rath (2012):

- Alimentação humana: as microalgas são utilizadas como alimento ou suplemento alimentar nos países asiáticos há séculos. São uma excelente fonte de carboidratos, proteínas, enzimas, fibras, vitaminas e minerais.
- Cosméticos: é característico de cada espécie a produção de pigmentos. Esses componentes são utilizados como agentes espessantes, aglutinantes e antioxidantes. Algumas espécies, como *Arthrospira* e *Chlorella*, se destacam no mercado *skin care*, em que produtos derivados de microalgas são produzidos com diversas aplicações.
- Corante alimentar: pigmentos produzidos por microalgas são usados como ingredientes na coloração de alimentos e cosméticos, com potencial enorme dentro desse mercado. O β-caroteno é um dos principais pigmentos utilizados. Se for de origem natural, vai apresentar propriedades muito superiores às encontradas no β-caroteno sintético, dentre elas a atividade anticarcinogênica.
- Fonte de lipídios: os lipídios despertam interesse como alimento, já que são fonte de ácidos graxos essenciais; outros podem ser destinados à produção de biocombustíveis, uso, inclusive, que tem ganhado bastante interesse na atualidade;
- Biofertilizantes: a maioria das cianobactérias são conhecidas pela capacidade de fixação de nitrogênio e, dessa maneira, podem ser utilizadas no enriquecimento de solos como fonte de biofertilizantes e matéria orgânica.

♦ Indústria farmacêutica: das microalgas deriva uma série de metabólitos primários e secundários que possuem atividade biológica ativa. Na natureza, esses compostos bioativos são utilizados na interação com o ambiente e com outros organismos, mas, para a humanidade, surgem como valiosos componentes da indústria farmacêutica. Esses compostos podem ser extraídos tanto da biomassa como do meio de cultura.

Principais espécies de interesse

Algumas das principais espécies de interesse são listadas a seguir, de acordo com a descrição feita por Borowitzka (2018).

Arthrospira platensis (Cyanophyceae) é comercialmente conhecida como *Spirulina*. *Arthrospira* spp ocorrem naturalmente em lagos alcalinos. Os tricomas, quando maduros, medem alguns milímetros e entre 3 e 12 μm de diâmetro. Os tricomas usualmente possuem conformação helicoidal, porém, dependendo da condição de cultivo, tendem a perder a espiralização e, em alguns, a ficar retos. A reprodução ocorre por fragmentação: quando o tricoma está maduro, ele se parte em uma célula denominada de necrídia.

As diatomáceas (Bacillariophyceae) são um dos grupos de algas autotróficas mais ricos em número de espécies, bem representadas por fitoplanctônicos marinhos, mas também podem ser encontradas em ambientes de água doce e salobra. As diatomáceas são facilmente reconhecidas pelo formato e pela composição da parede celular. Com duas valvas sobrepostas conhecidas por tecas, a sua constituição é fortemente silicada. Podem ser separadas em dois grupos: as penadas (possuem simetria bilateral) e as cêntricas (com simetria radial). *Phaeodactylum tricornutum* é umas das espécies de diatomáceas mais estudadas e utilizadas, dada a sua facilidade de cultivo. Podem ocorrer em diferentes fenótipos, ovais, fusiformes e trirradiada, e durante as culturas pode haver mudanças nos formatos.

Eustigmatophyceae são uma linhagem distinta de algas Ochrophyta. Várias espécies são de fácil cultivo, acumulando grandes quantidades de lipídios, incluindo ácidos graxos altamente insaturados. Trata-se de um grupo com particular interesse comercial. *Nannochloropsis* spp. são as espécies deste grupo que despertam maior interesse, sendo cultivadas para extração de lipídios destinados à produção de biodiesel e PUFAs. São organismos unicelulares, planctônicos, com células esféricas, medindo entre 2 e 4 μm de diâmetro. Ocorre tanto em ambientes marinhos quanto em água doce, sendo que cinco espécies ganham maior destaque: *Nannochloropsis oculata*, *N. oceanica*, *N. limnetica*, *N. granulata*, *N. australis*.

Rodophyta destacam-se pela predominância de macroalgas, tendo alguns poucos gêneros de microalgas. O gênero *Porphyridium* é o mais estudado. As culturas têm por objetivo a extração de polissacarídeos sulfatados, PUFAs e ficobiliproteínas. São células esféricas ou ovoides, não flageladas, com tamanho variando de 5 a 16 μm de diâmetro. São encontradas solitárias ou em colônias irregulares envolvidas em uma bainha de mucilagem. A reprodução só ocorre de forma assexuada, existindo espécies dulcícolas ou marinhas.

Chlorophyta/Carophyta são popularmente denominadas de algas verdes. As primeiras linhagens surgem da endobiose de uma ciano-bactéria e um protista heterotrófico. São especialmente abundantes nos ambientes aquáticos.

O gênero *Chlorella* deu início ao cultivo de microalgas. Ganhou cada vez mais importância na sociedade como fonte de alimento e depois vieram várias outras aplicações comerciais. Também foi a primeira microalga a ser cultivada em massa. As espécies são principalmente encontradas em ambientes de água doce, ricas em nutrientes, com algumas poucas espécies marinhas. As células são pequenas, de esféricas a ovoides, sem motilidade, podem ser unicelulares ou coloniais, possuin-do um único cloroplasto com pirenoide. Algumas espécies produzem grande quantidade de mucilagem extracelular. As *Chlorellas* formam autósporos, geralmente com quatro células-filhas, e quando estas amadurecem "eclodem" ou são liberadas a partir da célula-mãe.

Dunaliella é um dos gêneros mais estudados quanto à fisiologia, bioquímica, ecologia e para aplicações comerciais. As espécies de *Du-naliella* ocorrem desde habitats de baixa salinidade a hipersalinos. São unicelulares, biflageladas, com um simples cloroplasto, e não possuem parede celular (as células são recobertas por um tipo de glicocálix). Algumas espécies podem apresentar uma mancha ocelar. O formato varia de elipsoide, ovoide quase esférico, piriforme ou fusiforme, com simetria variando de radial a bilateral, e em alguns casos são até assimétricas.

Quando expostas a variações extremas de salinidade – geralmente redução drástica de salinidade –, espécies como *Dunaliella salina* formam o chamado estágio de palmela, em que as células perdem os flagelos e a mancha ocelar, tornam-se arredondadas e secretam uma matriz gelatinosa ao redor da célula, dessa forma passam a se reproduzir continuamente e a se acumular dentro dessa matriz gelatinosa. Quando as condições ambientais são mais uma vez favoráveis, as células voltam à normalidade. Podem formar ainda aplanósporos, outra forma de resistência, com uma parede celular espessa, em que mais uma vez vai germinar quando as condições ambientais forem favoráveis.

As culturas de *Dunaliella* são realizadas objetivando acumular altas concentrações de β-caroteno (ambientes com salinidade e iluminância elevadas). As culturas destinadas à extração do β-caroteno tiveram início nos anos de 1980, nos EUA, Austrália e Israel. O conteúdo de β-caroteno pode chegar a 14% do peso seco celular e é vendido como antioxidante para produtos destinados à saúde humana, como pigmento natural de alimentos e para melhorar ou incrementar a pigmentação (cor) da carne de organismos aquáticos cultivados.

Tetraselmis spp. são organismos unicelulares, com formato variando de elíptico a quase esférico e uma invaginação na região anterior de onde saem quatro flagelos (em pares de dois). São de fácil cultura. Algumas espécies se destacam, principalmente, pelo uso na aquicultura, como, por exemplo, *Tetraselmis suecica, T. chui* e *T. tetrathele*. Recentemente, algumas espécies têm ganhado maior interesse pelo potencial uso na extração de lipídios para aplicação em biocombustíveis.

Haematococcus pluvialis é uma espécie de microalga de água doce que recebeu muita atenção pela capacidade de acumular grandes concentrações de astaxantina. Em cultivo, inicialmente as células são de coloração verde, biflageladas e possuem uma matriz extracelular gelatinosa, denominada de periplasma. À medida que a cultura se desenvolve, as células entram num estágio de palmela, similar ao observado em *Dunaliella*. A partir de então começam a acumular astaxantina no citoplasma ao redor do núcleo. Em seguida, as células se desenvolvem em um aplanósporo e se tornam vermelhas, pois acumularam quantidade massiva de astaxantina em todo o citoplasma. *Haematococcus* podem ser cultivadas de forma fotoautotrófica, heterotrófica e mixotrófica, porém as grandes concentrações de astaxantina só serão obtidas se forem cultivadas fotoautotroficamente, pois o processo requer luz.

Para maximizar a produção de astaxantina pela célula é importante a aplicação de estresse, seja por limitação de nutrientes, exposição excessiva à luz e à temperatura, aumento de salinidade ou adição de íons Fe^{2+}, que vão induzir o aumento da produção de espécies reativas de oxigênio, resultando em maior acúmulo de astaxantina.

A primeira produção comercial destinada à extração de astaxantina foi realizada pela empresa americana Cyanotech, no Havaí (EUA). Hoje, o sistema de cultivo mais comum no mundo, destinado à produção comercial de *Haematococcus pluvialis*, são os fotobiorreatores tubulares.

Referências

ANACC - Australian National Algae Culture Colletions. **Research.CSIRO**. 2021. Light: units and measurement. Disponível em: <https://research.csiro.au/anaccmethods/culture-handling/light-units-and-measurement/>. Acesso em: 13 de jul. 2021.

BARSANTI, L.; GUALTERI, P. **Algae: Anatomy, Biochemistry and Biotechnology.** CRC Press, 2014, 326 p.

BELLINGER, E. G.; SIGEE, D. C. **Freshwater algae: Identification, Enumeration and use as Bioindicators**. Wiley-Blackwell, 2015. 290 p.

BEGUM, A. *et al*. Mass Scale Culture and Preparation of Microalgal Paste. *In*: SANTHANAM, P.; BEGUM, A.; PACHIAPPAN, P. **Basic and Applied Phytoplankton Biology**. Springer Nature Singapore, 2019. 336 p.

BLACKMAN, F. F. Optima and Limiting Factors. **Annals of Botany**, v. 19, n. 74, p. 281-295, 1905.

BOROWITZKA, M. A. Algal Physiology and Large-Scale Outdoors Cultures of Microalgae. *In*: BOROWITZKA, M. A.; BEARDALL, J.; RAVEN, J. A. (Eds.). **The Physiology of Microalgae**. Springer, 2016, 681 p.

BOROWITZKA, M. A. Biology of Microalgae. *In*: LEVINE, I. A.; FLEURENCE, J. **Microalgae in Health and Disease Prevention**. Academic Press, 2018. 339 p.

BOYD, C. E. Nutrient Cycling. *In*: MISCHKE, C. C. **Aquaculture Pond Fertilization Impacts of Nutrient Input on Production**. Wiley-Blackwell, 2012. 300 p.

BOWLING, L. Freshwater phytonplankton: diversity and biology *In*: SUTHERS, I. M.; RISSIK, D. **Plankton, A guide to their ecology and monitoring for water quality**. CSIRO Publishing, 2009. 256 p.

CASTRO, N. O.; MOSER, G. A. O. Florações de algas nocivas e seus efeitos ambientais. **Oecologia Australis**, v. 16, n. 2, p. 235-264, 2012.

CHISTI, Y. Society and Microalgae: Understanding the Past and Present. *In*: LEVINE, I. A.; FLEURENCE, J. **Microalgae in Health and Disease Prevention**. Academic Press, 2018. 356 p.

CHISTI, Y. Microalgae biotechnology: a brief introduction. *In*: JACOB-LOPES, E.; MARONEZE, M. M.; QUEIROZ, M. I.; ZEPKA, L. Q. **Handbook of Microalgae-based Processes and Products – Fundamentals and Advances in Energy, Food, Feed, Fertilizer, and Bioactive Compounds**. Academic Press, 2020. 905 p.

COUTTEAU, P. Microalgae. *In*: SORGELOOS, P. LAVENS, P. **Manual on the production and use of live food for aquaculture**. Food and Agriculture Organization of the United Nations - FAO, 1996. 295 p.

EHRLICH, L. Sampling and Identification: Methods and Strategies. *In*: **Manual of Water Supply Practices – M57**, 1st Ed. American Water Works Association - AWWA, 2010. 481 p.

ERIKSEN, N. T. Heterotrophic Microalgae in Biotechnology. *In*: JOHANSEN, M. N. (Ed.). **Microalgae: Biotechnology, Microbiology and Energy**. Nova Science Publishers, 2012. p. 387-412.

ESTEVES, F. de A. **Fundamentos da Limnologia**. 3. ed. Interciência, 2011. 826 p.

FRANCO, A. O. R.; SOARES, M. O.; MOREIRA, M. O. P. Diatom accumulations on a tropical meso-tidal beach: Enviromental drivers on phytoplankton biomass. **Estuarine, Coastal and Shelf Science**, v. 207, p. 414-421, 2018.

GUILLARD, R. R. L. Culture of phytoplankton for feeding marine invertebrates. *In*: CHANLEY, M. H.; SMITH, W. L. (Ed.). **Culture of Marine Invertebrate Animals**. Springer U.S, 1975. 338 p.

HALLEGRAEF, G. M. Harmful Algae and their Toxins: Progress, Paradoxes and Paradigm Shifts. *In*: ROSSINI, G. P. (Ed.). **Toxins and Biologically Active Compounds from Microalgae**. CRC Press, 2014. 528 p.

HARRISON, P. J.; BERGES, J. A. Marine Culture Media. *In*: ANDERSEN, R. A. (Ed.). **Algal Culturing Techniques**. Academic Press, 2004. 592 p.

HERSHEYS, D. R. Plant Light Measurement & Calculations. **The American Biology Teacher**, v. 53, n. 6, p. 351-353, 1991.

ISTVÁNOVICS, V. Eutrophication of Lakes and Reservoirs. *In*: LIKENS, G. E. (Ed.), **Plankton of Inland Waters: A Derivative of Encyclopedia of Inland Waters**. 1 ed. Academic Press, 2009. 411p.

JOURDAN, J. P. **Grow your own Spirulina**. 2001. 16 p. Disponível em: <https://wiki.opensourceecology.org/images/c/c6/Spirulina.pdf>. Acesso em: 14 jul. 2021.

KRIENITZ, L. Algae (Including Cyanobacteria): Planktonic and Attached. *In*: LIKENS, G. E. (Ed.). **Plankton of Inland Waters: A Derivative of Encyclopedia of Inland Waters**. 1. ed. Academic Press, 2009. 411p.

LEVINE, I. A. Algae: A way of Life and Health. *In*: LEVINE, I. A.; FLEURENCE, J. **Microalgae in Health and Disease Prevention**. Academic Press, 2018. 339 p.

LOURENÇO, S. O. **Cultivo de Microalgas Marinhas: princípios e aplicações**. RiMa Editora, 2006. 606 p.

MACINTYRE, H. L.; CULLEN, J. J. Using Cultures to Investigate the Physiological Ecology of Microalgae. *In*: ANDERSEN, R. A. (Ed.). **Algal Culturing Techniques**. Academic Press, 2004. 592 p.

MARSHALL, H. G. 10200. Plankton. *In*: BAIRD, R. B.; EATON, A. D.; RICE, E. W. **Standard Methods for the Examination of Water and Wastewater**, 23 ed. American Public Health Association – APHA, 2017. 1544 p.

MCLACHLAN, A.; DEFEO, O. Beach and Suf-zone Flora. *In*: MCLACHLAN, A.; DEFEO, O. **The Ecology of Sandy Shores**. Academic Press, 2017. 572 p.

MULLER-FEUGA, A.; MOAL, J.; KAAS, R. The Microalgae of Aquaculture. *In*: STØTTRUP, J. G.; MCEVOY, L. A. **Live Feeds in Marine Aquaculture**. Blackwell Science, 2003. 334 p.

ODEBRECHT, C. *et al*. Surf zone diatoms: A review of the drivers patterns and role in sandy beaches food chains. **Estuarine, Coastal and Shelf Science**, v. 150, p. 24-35, 2014.

ODUM, E. P.; BARRET, G. W. **Fundamentos de Ecologia**. 5. ed. Cengage Learning, 2016, 611 p.

PAL, R.; CHOUDHURY, A. K. **An Introduction to Phytoplanktons: Diversity and Ecology**. Springer, 2014. 167 p.

PAUL, N. A.; BOROWITZKA, M. A. Seaweed and Microalgae. *In*: LUCAS, J. S.; SOUTHGATE, P. C.; TUCKER, C. S. **Aquaculture: Farming Aquatic Animals and Plants**. Wiley Blackwell, 2019. 642 p.

PRASATH, B. B. *et al*. Potential Harmful Microalgae in Muttukadu Backwater, Southeast Coast of India. *In*: SANTHANAM, P.; BEGUM, A.; PACHIAPPAN, P. **Basic and Applied Phytoplankton Biology**. Springer Nature Singapore, 2019. 336 p.

PREISIG, H. R.; ANDERSEN, R. A. Historical Review of Algal Culturing Techniques. *In*: ANDERSEN, R. A. (Ed.). **Algal Culturing Techniques**. Academic Press, 2004. 592 p.

PIEDRAS, F. R.; ODEBRECHT, C. The response of surf-zone phytoplankton to nutrient enrichment (Cassino Beach, Brazil). **Journal of Experimental Marine Biology and Ecology**, v. 432-433, p. 156-161, 2012.

PIRES, J. C. M. Mass Production of Microalgae. *In*: KIM, S. K. **Handbook of Marine Microalgae – Biotechnology Advances**. Academic Press, 2015. 585 p.

PRIYADARSHANT, I.; RATH, B. Commercial and industrial applications of micro algae – A review. **Journal of Algal Biomass Utilization**, v. 3, n. 4, p. 89-100, 2012.

RAVEN, J. A.; BEARDALL, J. Algal Photosynthesis and Physiology. *In*: SLOCOMBE, S. P.; BENEMANN, J. R. (Ed.). **Microalga Production for Biomass and High-Value Products**. CRC Press, 2016. 325 p.

RISSIK, D. *et al*. Plankton-related environmental and water-quality issues. *In*: SUTHERS, I. M.; RISSIK, D. **Plankton: A guide to their ecology and monitoring for water quality**. CSIRO Publishing, 2009. 256 p.

RISSIK, D.; SUTHERS, I. M. The importance of plankton. *In*: SUTHERS, I. M.; RISSIK, D. **Plankton: A guide to their ecology and monitoring for water quality**. CSIRO Publishing, 2009. 256 p.

RÖRIG, L. R.; GARCIA, V. M. T. Accumulations of the surf-zone diatom Asterionellopsis glacialis (CASTRANE) ROUN in Cassino Beach, Southern Brazil, and its relationship with Environmental Factors. **Journal of Coastal Research**, Special Issue n° 35, p. 167-177, 2003.

SARKER, P. K. *et al*. Towards sustainable aquafeeds: complete substitution of fish oil with marine microalga *Schizochytrium* sp. improves growth and fatty acid deposition in juvenile Nile tilapia (*Oreochromis niloticus*). **PLOS One**, v. 11, n. 6, 2016, 17 p. Disponível em: <https://doi.org/10.1371/journal.pone.0156684>. Acesso em: 13 jul. 2021.

SINGH, J.; SAXENA, R. C. An Introduction to Microalgae: Diversity and Significance. *In*: KIM, S. K. **Handbook of Marine Microalgae – Biotechnology Advances**. Academic Press, 2015. 585 p.

SINGH *et al.* Microalgae Isolation and Basic Culturing Techniques. *In*: KIM, S. K. **Handbook of Marine Microalgae – Biotechnology Advances**. Academic Press, 2015. 585 p.

SIPAÚBA-TAVARES, L. H.; ROCHA, O. **Produção de Plâncton (Fitoplâncton e Zooplâncton) para Alimentação de Organismos Aquáticos**. RiMa Editora, 2001. 106 p.

SPOLAORE, P.; JOANIS-CASSAN, C.; DURAN, E.; ISAMBERT, A. Commercial applications of microalgae, Review. **Journal of Bioscience and Bioengineering**, v. 101, n. 2, p. 87-96, 2006.

SOONG, J. L., *et al.* Microbial carbon limitation: The need for integrating microorganisms into our understanding of ecosystem carbon cycling. **Global Change Biology**, v. 26, n. 4, p. 1953-1961, 2020.

SOUTHGATE, P. C. Hatchery and larval foods. *In*: LUCAS, J. S.; SOUTHGATE, P. C.; TUCKER, C. S. **Aquaculture: Farming Aquatic Animals and Plants**. Wiley Blackwell, 2019. 642 p.

VENKATESAN, J.; MANIVASAGAN, P.; KIM, S. K. Marine Microalgae Biotechnology: Present Trends and Future Advances. *In*: KIM, S. K. **Handbook of Marine Microalgae – Biotechnology Advances**. Academic Press, 2015. 585 p.

TALBOT, M. M. B.; BATE, G. C. Beach morphodynamics and surfzone diatom populations. **Journal of Experimental Marine Biology and Ecology**, v. 129, p. 231-241, 1989.

WATANABE, M. M. Freshwater Culture Media. *In*: ANDERSEN, R. A. (Ed.). **Algal Culturing Techniques**. Academic Press, 2004. 592 p.

WEISSMAN, J.; NIELSEN, R. Algal Growth Kinetics and Productuvity. *In*: SLOCOMBE, S. P.; BENEMANN, J. R. (Ed.). **Microalga Production for Biomass and High-Value Products**. CRC Press, 2016. 325 p.

WIKFORS, G. H.; OHNO, M. Impact of algal research in aquaculture. **Journal of Phycology**, v. 37, p. 968-974, 2001.

ZACHLEDER, V.; BISOVÁ, K.; VÍTOVÁ, M. The Cell Cycle of Microalgae. *In*: BOROWITZKA, M. A.; BEARDALL, J.; RAVEN, J. A. (Eds.). **The Physiology of Microalgae**. Springer, 2016, 681 p.

Capítulo 4

Produção de Zooplâncton

Introdução

O zooplâncton, como já abordado no Capítulo 2 deste livro, é uma divisão do plâncton composta pela fração animal desses organismos que, dada a limitada capacidade de natação, deriva de acordo com a movimentação da água (THORP, 2015).

O zooplâncton não só atua como elo da cadeia trófica, com a atribuição de ser o consumidor primário, mas também regula a produtividade primária e serve de alimento para organismos maiores, além de exercer o papel de indicador biológico à comunidade científica, dando pistas sobre a condição e a qualidade dos corpos hídricos (DANG *et al.*, 2015).

Segundo Sipaúba-Tavares e Rocha (2001) e Thorp (2015), a distribuição dos organismos nos ambientes aquáticos está relacionada com a zona que habitam, logo o zooplâncton pelágico vive em áreas de águas abertas e nas partes centrais dos corpos hídricos. Em zonas litorâneas ou em águas rasas, esses mesmos organismos podem ser encontrados associados à vegetação aquática ou interagindo com o substrato da região e, nesses casos, são denominados de zooplâncton litorâneo.

Estudos mostram os diferentes aspectos biológicos e as características ambientais para o desenvolvimento dos organismos zooplanctônicos, como a descrição das condições ambientais naturais, a distribuição espacial e temporal, e os ciclos vitais de algumas espécies, dentre eles a descrição dos estágios de desenvolvimento corporal e os aspectos biológicos individuais. Pesquisas descrevem também os papéis, funções e importância desses organismos para os ecossistemas aquáticos, seja como indicadores de produtividade ou como indicadores da presença de agentes causadores de estresse em ambientes aquáticos (DANG *et al.*, 2015).

Segundo Sipaúba-Tavares e Rocha (2001), a diversidade e abundância das comunidades zooplanctônicas irão variar, tanto espacial como temporalmente, de acordo com as características e o estado trófico de cada ambiente.

As populações dos organismos zooplanctônicos tendem a dar indícios de que passarão por períodos com variação na oferta de alimento e, frequentemente, em decorrência das flutuações, as espécies também sofrem sucessões sazonais distintas (DEMOTT, 1989).

Na natureza, a produção de biomassa dos organismos planctônicos segue um ciclo em que, inicialmente, algumas espécies de fitoplanctônicos realizam florações (*blooms*, vide Capítulo 3) em resposta a uma série de alterações ambientais, tais como mudanças na temperatura, salinidade, fotoperíodo, intensidade luminosa e disponibilidade de nutrientes. Como consequência direta dessas florações, ocorre um salto populacional dos organismos zooplanctônicos. Essa condição evoluiu e perdura há milhões de anos, através de uma estreita relação entre aumento e declínio populacional dos organismos planctônicos e por meio da dependência entre as espécies (DELBARE; DHERT; LAVENS, 1996).

Como já abordado aqui (Capítulo 2), esses organismos realizam migrações ao longo da coluna d'água (migrações diárias verticais), preferencialmente saindo de zonas profundas, onde permanecem durante o dia, em direção à superfície, onde permanecem durante o período noturno, retornando em seguida para regiões mais profundas, por duas razões principais:

1. Evitar a visualização e, dessa forma, escapar da atividade predatória das espécies de peixes planctófagos na zona eufótica.
2. Incrementar o saldo metabólico ao se alimentar de fitoplanctônicos à noite, tendo de retornar a camadas menos iluminadas logo que esse período se encerra.

Outro fator que exerce influência na realização de migrações diárias para longe da superfície, ou das camadas mais iluminadas, envolve a fuga dos potenciais danos provocados pela radiação mais intensa encontrada nessa região (THORP, 2015).

Burks *et al.* (2002) relatam outro processo de migração diário realizado em ambientes rasos, como em pequenas lagoas por exemplo. São as chamadas Migrações Diárias Horizontais ou, como os autores citam, migrações DHM (do inglês: *Diel Horizontal Migration*). Esse tipo de migração é diferente da migração vertical diária, ou DVM (do inglês: *Diel Vertical Migration*), já explicada previamente.

Segundo os autores, algumas espécies de organismos zooplanctônicos, como as Daphnias e outras espécies de Cladocera, fazem a DHM com o objetivo principal de reduzir a planctovoria, ou seja, a ação da predação por peixes planctófagos. Assim, os cladóceros saem diariamente das zonas com maior coluna d'água e partem em direção a regiões mais rasas e litorâneas dos corpos hídricos, para se abrigarem em meio à vegetação que cresce nesses compartimentos e se alimentarem do que estiver disponível. Dada a ocorrência da DHM, a concentração de organismos fitoplanctônicos tende a se reduzir perante a ação de consumo provocada pelo direcionamento do zooplâncton para esses locais.

Como já citado no Capítulo 1, o uso de organismos zooplanctônicos selvagens como alimento vivo, em detrimento da produção desses organismos em cativeiro, apresenta três vantagens. A primeira delas seria a maior facilidade de atender aos requisitos nutricionais das espécies-alvo. Em segundo, a diversidade dos itens capturados e a existência de organismos em diferentes estágios de desenvolvimento corporal facilitam a apreensão por larvas cultivadas. Por fim, teríamos o baixo custo associado à captura se comparado ao de toda uma estrutura produtiva, porém deve-se levar em consideração que a captura de organismos na natureza torna o aquicultor dependente da produtividade de biomassa local, além da possibilidade de introdução de doenças e parasitas (DELBARE; DHERT; LAVENS, 1996).

Os crustáceos são os maiores componentes do zooplâncton, sendo um dos grupos individualmente mais diversos do planeta. Desenvolvem-se a partir de ovos, passando por uma variedade de estágios larvais, como náplios e outros estágios específicos, até se tornarem adultos (KLIMPEL *et al.*, 2019). Ainda segundo os autores, os crustáceos, além da função direta na cadeia trófica, são considerados um dos grupos parasíticos mais diversos dentro dos ambientes aquáticos, logo assumem uma relevância ainda maior. As espécies vão variar desde endoparasitas a ectoparasitas, com outras podendo se encaixar em ambos, e o ciclo parasitário pode ser classificados como temporário ou integral.

Os crustáceos pertencentes ao zooplâncton são representados por oito principais ordens: Cladocera, Ostracoda, Cirripedia, Mysida, Amphipoda, Euphasiacea e Decapoda (LENZ, 2000).

Deve-se destacar, porém, a existência de vários outros organismos que são relevantes como organismo zooplanctônico e, dessa forma, podem integrar a dieta das espécies-alvo (vide Capítulo 5). Nesse grupo diverso, temos crustáceos Pericarida como os camarões misidáceos, temos os Anfípoda, Ostracoda, organismos vermiformes, bem como larvas e adultos de insetos. Esses organismos são relativamente maiores, com dimensões variando de 5 a 30 mm, são abundantes em ambientes aquáticos e, por apresentarem maior tamanho individual, são alvo de predação por adultos de outros organismos, como peixes, por exemplo. Logo, quando produzidos em cativiero, esses outros componentes do zooplâncton podem ser utilizados para compor a dieta dos exemplares já adultos (RUDSTAM, 2009).

Classificação por Biótopo

A classificação do zooplâncton por biótopo retrata os ambientes onde esses organismos serão encontrados, uma vez que podem ser observados tanto em ambientes de água doce quanto salgada e, dessa maneira, são definidos como *halizooplâncton* e *limnozooplâncton*.

Halizooplâncton são os organismos que residem em ambientes marinhos; já, de uma forma bem genérica, os organismos que vivem em águas continentais são designados como limnozooplâncton (PA-CHIAPPAN *et al.*, 2019). Apesar de outros autores subdividirem os organismos em mais categorias, para simplificar e resumir, adotaremos a definição acima nos dois tópicos seguintes deste capítulo.

Limnozooplâncton

Mesmo tendo adotado a definição dada por Pachiappan *et al.* (2019), cabe ressaltar que os organismos zooplanctônicos residentes em águas continentais podem ser subdivididos, de acordo com o tipo de ambiente observado, em: heleozooplâncton, encontrados em lagoas; limnozooplâncton, os que habitam lagos; e potamonzooplâncton, os organismos encontrados em rios (TUNDISI; TUNDISI, 2011).

A vida nos rios é mais complexa quando comparada às condições observadas em lagos, devido à intensa movimentação, ao intenso transporte de materiais e ao fluxo da água. Tal complexidade faz com que o potamonzooplâncton tenha a necessidade de se reproduzir rapidamente, antes que seja transportado para fora do ambiente (THORP, 2015).

Diferentemente do fitoplâncton, que é bastante diverso em ambientes lacustres, mais até do que em ambientes marinhos, a comunidade zooplanctônica possui poucas espécies adaptadas a viver em ambientes de água doce (ESTEVES, 2011).

Em termos gerais, a comunidade do limnozooplâncton é formada principalmente por protozoários, rotíferos e crustáceos (STERNER, 2009). Em ambientes com uma coluna d'água menor ou na zona litorânea, esses organismos serão observados em interação com a vegetação ou, de acordo com a profundidade, estarão se deslocando em direção ao substrato e associados a este, seja de maneira periódica ou permanente. Assim, as áreas alagadas rasas vão ser dominadas por uma comunidade de organismos litorâneos. Os principais organismos que farão parte do zooplâncton litorâneo são larvas de insetos, rotíferos, cladóceros, anfípodas e ostracodas. Já os pelágicos, aqueles que permanecem na coluna d'água, são protozoários, rotíferos, cladóceros, copépodos e outras larvas de insetos (THORP, 2015).

Vários organismos que habitam ambientes de água doce vão apresentar mudanças em algumas características fenotípicas ao longo tempo. Quando essas alterações morfológicas ocorrem regularmente, em determinada época do ano, são conhecidas como *ciclomorfoses*. Rápidas mudanças, sejam elas morfológicas, comportamentais ou no modo de vida dos organismos, podem ocorrer em resposta à presença de predadores, sendo caracterizadas como defesas induzidas (LAFORSCH; TOLLRIAN, 2009).

Segundo Rudstam (2009), os organismos produzem uma substância química denominada de *kairomone*, cujo principal objetivo é a detecção de informações sobre a presença de presas ou predadores. Alguns organismos planctônicos, como as *Daphnia* sp. por exemplo, desenvolvem, após a percepção dos kairomones liberados por seus predadores, estruturas de defesa pontiagudas na região anterior, prolongamento de espinhos na região caudal ou simplesmente uma estrutura semelhante a um capacete. Todos esses aparatos têm o intuito de dificultar a apreensão pelo organismo predador.

Os dois fenômenos citados podem ocorrer simultaneamente, logo, para que uma defesa induzida possa ser considerada uma ciclomorfose, o predador só deverá ser abundante em determinada época do ano por exemplo (LAFORSCH; TOLLRIAN, 2009).

Quanto ao modo de alimentação dos organismos zooplânctônicos, de acordo com Sterner (2009), são três os mecanismos principais adotados:

♦ *Fagocitose*: as partículas são envelopadas pela membrana celular e internalizadas na forma de um vacúolo alimêntar. Este modo é associado aos protozoários.

♦ *Filtradores*: pequenas partículas são apreendidas por um apêndice alimentar especializado semelhante a um filtro. O formato da estrutura varia de acordo com as espécies. Em algumas são apenas filtros simples, dessa forma os filtradores não discriminam facilmente entre os microrganismos capturados e cada porção que chega ao aparato bucal. Pode conter uma diversidade de microrganismos, desde microalgas a outros zooplanctônicos. Os itens alimentares devem ser menores do que os predadores; os Cladóceros são um exemplo de filtradores.

♦ *Selecionadores de presas ou predação raptorial*: já discutimos um pouco sobre o significado de predação raptorial (Capítulo 2). Os organismos que fazem uso deste modo de alimentação se valem da detecção da presa através de quimiorreceptores existentes ao longo do corpo. Este mecanismo alimentar só vai se tornar energeticamente vantajoso se o alimento tiver uma qualidade nutricional elevada. No geral, as partículas alimentares são apreendidas individualmente e as dimensões devem ser menores do que a do predador, entretanto o tamanho da presa deve ser adequado o suficiente para prover um bom saldo nutricional. Os copépodos são um exemplo de organismos que fazem uso deste mecanismo.

Halizooplâncton

Os organismos zooplanctônicos são um dos primeiros alimentos consumidos por quase todas as larvas, principalmente as de peixes, imediatamente após estas realizarem a transição do consumo do saco vitelínico para iniciar a alimentação externa. O zooplâncton também vai sustentar os adultos de várias espécies de peixes que têm por hábito alimentar ser planctófago (AL-YAMANI *et al.*, 2011).

Em alguns estuários, os fitoplanctônicos podem encontrar boas condições climáticas e disponibilidade de nutrientes e, dessa maneira, diante de um cenário favorável, se desenvolvem rapidamente. Estes organismos, em conjunto com uma boa oferta de material orgânico detrital, vão ser o combustível ideal para uma produção abundante de zooplâncton (BENFIELD, 2013). A abundância de zooplanctônicos é possível graças à variabilidade ambiental e à adaptabilidade das espécies, sendo notada a presença de espécies em rios, bem como em áreas oceânicas.

Os ambientes aquáticos em geral – mais especificamente os marinhos – são reconhecidos por possuírem elevadas concentrações de organismos classificados como protozooplâncton e metazooplâncton (PAFFENHÖFER, 2009). O protozooplâncton se distingue pelo curto tempo de divisão, que pode ser tão acelerado que acompanha o ritmo produtivo dos fitoplanctônicos. Já os metazooplâncton são organismos cujo tempo de geração é maior, variando desde alguns poucos dias, como observado nos rotíferos, até anos, para os eufasiáceos de regiões polares (LENZ, 2000).

Segundo Ferrão-Filho, Arcifa e Fileto (2005), a dinâmica das comunidades em regiões tropicais é bem diferente da observada nas regiões temperadas, havendo inclusive padrões de interação diferentes entre os organismos do zooplâncton com o fitoplâncton. Os autores destacam ainda que os organismos das regiões tropicais, como, por exemplo, algumas espécies de cladóceros, tendem a ser menores quando comparados a seus semelhantes de zonas temperadas.

Por ser um dos, senão o principal, elos entre a base e os níveis superiores da teia trófica marinha, a redução na biomassa do zooplâncton pode ser ocasionada por ação de predadores, escassez alimentar, doenças e até mesmo pela idade (MILLER; WHEELER, 2012). Os autores destacam que em zonas pelágicas, dada a falta de áreas ou estruturas para usar como "esconderijo", os organismos buscam meios adaptativos para permanecerem "escondidos". Dessa forma, nos oceanos, os seres zooplanctônicos buscam ser o mais transparente possível, com o objetivo de dificultar sua visualização. Outro mecanismo seria a adoção de padrões de cor que, quando vistos de cima, não formariam uma imagem nítida contra o plano de fundo, que, no caso, seriam as camadas mais escuras da água.

Cladóceros, copépodos, artêmias e rotíferos são os organismos mais conhecidos da comunidade zooplanctônica que são utilizados como fonte de alimento vivo. Nos tópicos a seguir discutiremos mais sobre esses organismos.

Cladóceros

Informações gerais

Popularmente conhecidos como cladóceros ou "pulgas-d'água", devido à forma como se locomovem (ESTEVES, 2011), os cladóceros pertencem à subordem Cladocera, à ordem Diplostraca e, junto com os anostraca (artemia e branchoneta), vão compor a classe Branchiopoda (subfilo Crustacea e filo Arthropoda). Segundo Smirnov (2017), mais de 700 espécies de cladóceros já foram descritas, com algumas novas espécies ainda sendo relatadas.

Os cladóceros habitam virtualmente todos os ambientes aquáticos. A maioria é comumente encontrada em corpos hídricos de água doce, como pequenas lagoas, áreas alagadas e lagos, mas algumas espécies podem tolerar variação de salinidade (HAVEL, 2009). Os cladóceros vão se dividir em quatro ambientes radicalmente diferentes quanto à salinidade (SMIRNOV, 2017):

- ♦ Na água doce é onde estarão a grande maioria das espécies.
- ♦ Algumas dezenas de espécies serão encontradas em ambientes com salinidade variando entre 5 e 8.
- ♦ Em águas continentais com elevada concentração salina.
- ♦ Em ambientes marinhos encontraremos pouquíssimas espécies.

O corpo da maioria dos cladóceros tem formato ovalado e comprimido lateralmente, com tamanho inferior a 2 mm, entretanto algumas espécies podem, quando adultas, ter tamanho variando entre 5 e 6 mm, com as fêmeas sendo usualmente maiores que os machos (KOBAYASHI *et al.*, 2009; SMIRNOV, 2017). O tamanho dos adultos pode ser muito particular, uma vez que, ao contar com abundância na oferta de alimento, estes organismos permanecem crescendo durante toda a vida. Os grandes adultos chegam a atingir duas vezes o tamanho de animais que acabaram de alcançar a maturidade sexual (DELBARE; DHERT, 1996). Ainda de acordo com os autores, o tempo até a maturidade vai depender primeiramente da temperatura (11 dias a 10°C para 2 dias a 25°C) e, depois, da disponibilidade de alimento.

A variabilidade de tamanho apresentada pelos cladóceros tem efeito direto na seleção dos alimentos, na susceptibilidade a predadores e na interação com o ambiente, principalmente espécies bentônicas (HAVEL, 2009). Como já citado, algumas espécies de cladóceros realizam ciclomorfoses, com essas mudanças acontecendo durante a passagem das estações do ano. Um exemplo de ciclomorfose são as alterações que ocorrem na região da cabeça de algumas espécies de cladóceros, entre a primavera e o verão, mudando de um formato arredondado para uma estrutura similar a um capacete, e retornando ao formato arredondado com a chegada do outono (DELBARE; DHERT, 1996). A ocorrência de ciclomorfoses dificulta muito a identificação das espécies (ESTEVES, 2011).

Outra característica importante dos Cladocera diz respeito à variabilidade comportamental das espécies, que inclui a promoção de aglomerações, evitar a predação, cópula e a seletividade do alimento, mas os principais comportamentos observados em cladóceros permanecem na realização de migrações (DHM e DVM) como modo de sobrevivência e obtenção de alimentos (DODDS; WHILES, 2010).

Seus corpos consistem em carapaças rígidas, transparentes, entretanto podem apresentar coloração esverdeada ou amarronzada, de acordo com o tipo de alimento ingerido (KOBAYASHI *et al.*, 2009). Assim como em outros crustáceos, a carapaça dos cladóceros é um exoesqueleto quitinoso que vai recobrir todo o corpo, incluindo as setas nas pontas dos apêndices. O exoesqueleto é também um ponto de ligação entre os músculos e proteção contra inimigos (HAVEL, 2009).

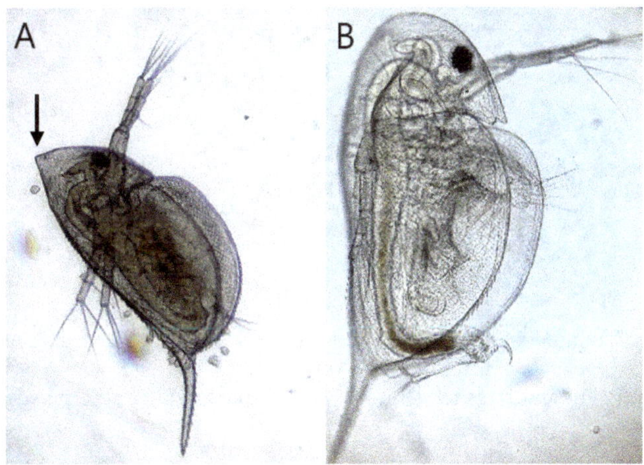

Figura 4.1   Dois exemplares de cladóceros da espécie *Daphnia magna*. É possível observar, no organismo da imagem "A", a ocorrência de uma ciclomorfose na região da cabeça, indicada pela seta, alterando o formato para uma estrutura semelhante a um capacete, enquanto no indivíduo da imagem B o formato da cabeça permanece normal ou arredondado. Vale destacar que ambos foram coletados no mesmo dia e são provenientes do mesmo ambiente. *Fonte*: Autor.

Pela transparência de seus corpos, é possível observar a quantidade de ovos produzidos e estimar as taxas de natalidade das populações em ambientes naturais (HAVEL, 2009).

A reprodução ocorre por heterogenia, ou seja, por alternância de gerações, e o número de reproduções sexuadas e partenogenéticas varia de espécie para espécie (ESTEVES, 2011). Na maioria dos cladóceros, a reprodução vai produzir ovos amícticos por partenogênese (MERGEAY *et al.*, 2009). Se as condições ambientais permanecerem ideais, a população de cladóceros de determinada região será formada unicamente por fêmeas. As fêmeas produzirão ovos, que serão incubados dentro de uma câmara localizada na região dorsal do animal (Figura 4.2). Passado o período de incubação, dos ovos eclodirão indivíduos jovens, denominados de neonatos, sendo morfologicamente semelhantes aos adultos, porém bem menores. É durante os ciclos de muda que os ovos são extrudados para a câmara de incubação, e uma única fêmea será capaz de produzir várias ninhadas entre os períodos de muda (DELBARE; DHERT, 1996; SIPAÚBA-TAVARES; ROCHA, 2001; KOBAYASHI *et al.*, 2009; HAVEL, 2009).

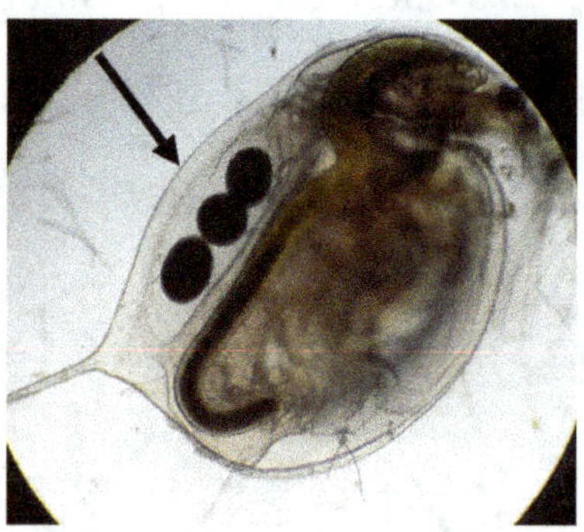

Figura 4.2 Na imagem aproximada, vemos a indicação da câmara de incubação de ovos (seta preta) e, no seu interior, a presença de três ovos. Este exemplar de Cladocera foi encontrado em amostras de água preparadas para o cultivo de peixes em sistema BFT. *Fonte*: Autor.

Ainda segundo Kobayashi *et al.* (2009), quando as condições ambientais ficam desfavoráveis, seja pela falta de alimento ou pela perda de características ideais, as fêmeas produzirão ovos dos quais eclodirão machos. Segundo Esteves (2011), vários fatores podem influenciar a produção de machos. Variações na temperatura e nível da água, escassez alimentar ou superpopulações podem desencadear a inibição da partenogênese.

Após serem fertilizadas pelos machos, as fêmeas produzirão uma estrutura especializada ao redor da câmara de incubação de ovos, conhecida como *efípio*. Na parte interna do efípio, uma nova cutícula se forma ao redor dos ovos. Estes ovos se diferenciam dos normais por se apresentarem opacos e com coloração mais escura, e permanecerão em dormência durante o período de intempéries (MERGEAY; VERSCHUEN; MEESTER, 2005; ESTEVES, 2011). Os autores ainda destacam que os efípios produzidos pelas espécies de cladóceros serão distintos e podem ser utilizados como mecanismos de identificação.

Os efípios são liberados na água e possuem a capacidade de suportar grandes variações ambientais, e mesmo permanecer viável por longos períodos. Dessa forma, os cladóceros podem reestabelecer a sua comunidade a partir dos efípios, quando as condições ambientais se tornarem novamente viáveis (KOBAYASHI *et al.*, 2009).

Como nascem semelhantes aos adultos, os jovens realizam várias mudas até atingirem a idade adulta. As mudas, ou ecdises, ocorrem com o abandono da carapaça antiga e a produção de uma inteiramente nova. Um exemplar jovem pode realizar até oito mudas para chegar à maturidade, enquanto um adulto pode realizar 20 mudas (HAVEL, 2009; ESTEVES, 2011). Durante esse processo, uma carapaça nova se forma por dentro da antiga, e então ocorre a exúvia, que é o descarte da carapaça antiga em detrimento de uma nova, permitindo que o organismo cresça (KOBAYASHI *et al.*, 2009).

Com o corpo ainda mole, os animais passam a ingerir água e inflar seus corpos até ficarem grandes o suficiente enquanto a nova carapaça endurece. A formas jovens chegam a dobrar de tamanho a cada ecdise (HAVEL, 2009). A frequência das mudas e o tempo de desenvolvimento são fortemente influenciados pela temperatura (ESTEVES, 2011).

Importantes componentes das teias alimentares dos ambientes aquáticos, os cladóceros se alimentam de uma variedade de organismos fitoplanctônicos, complementando a dieta com matéria orgânica suspensa, mas alguns poucos gêneros são carnívoros (KOBAYASHI *et al.*, 2009; HAVEL, 2009).

Possuem um par de apêndices torácicos responsáveis por direcionar o alimento até a boca (KOBAYASHI *et al.*, 2009). Assim, nas espécies pelágicas, a movimentação dessas estruturas cria um movimento circular que vai direcionar a água para uma câmara de filtragem, localizada entre os apêndices. Nas espécies que habitam as zonas litorâneas, essas estruturas vão raspar o alimento das superfícies (HAVEL, 2009).

De acordo com Esteves (2011), a taxa de filtração e, consequentemente, a ingestão do alimento vão depender de alguns fatores, dentre eles se destacam:

- ◆ Tamanho do animal: quanto maior o cladócero, maior a capacidade de filtração.
- ◆ Tamanho da partícula: quanto maior a partícula, menor a capacidade de filtração.
- ◆ Qualidade do alimento: quanto mais rico nutricionalmente for o item alimentar, melhor aproveitado será.
- ◆ Temperatura: quanto maior a temperatura, maior será a taxa de filtração. Entretanto, uma vez acima de um limite ótimo para a espécie, essa taxa tende a se reduzir.

A região da cabeça dos cladóceros é usualmente compacta. Nela estão localizados órgãos sensitivos como um grande olho composto (Figura 4.3A) e pequenos ocelos, que, a depender da espécie, estarão presentes ou ausentes. Estão localizados na cabeça outros dois apêndices sensoriais: a primeira estrutura é um par de antenas ou antênulas (Figura 4.3B), cuja principal função é a orientação e a quimiorrecepção através de finas cerdas ou pelos sensitivos. Diferentemente de outros organismos, o segundo par de antenas cefálicas será destinado à locomoção, uma estrutura bifurcada, composta por várias cerdas rígidas (e variáveis em quantidade), visto que são fortemente quitinizadas (SIPAÚBA-TAVARES; ROCHA, 2001; KOBAYASHI *et al.*, 2009; ESTEVES, 2011). Tem-se, ainda, a presença de uma projeção ou bico entre as antênulas, conhecida como rostrum (Figura 4.3B), muito utilizada, junto com as antenas e mandíbulas, na taxonomia das espécies (SIPAÚBA-TAVARES; ROCHA, 2001).

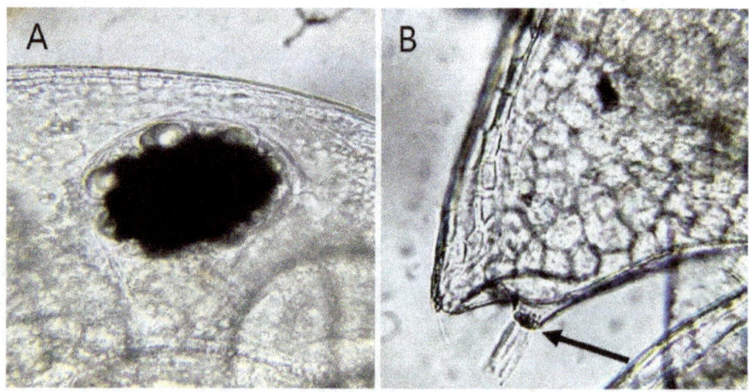

Figura 4.3 Nas imagens ampliadas, em "A" vemos o olho composto de um Cladocera; já em "B" verificamos o rostrum e, em destaque, a estrutura sensorial do primeiro par de antênulas e os pelos sensitivos (seta preta) de um Cladocera da espécie *Daphnia magna. Fonte*: Autor.

Os cladóceros não possuem vasos sanguíneos, assim a hemolinfa rica em oxigênio parte do coração, localizado na região dorsal do animal (Figura 4.4) em direção a uma cavidade interna que se estende pelo corpo (hemocele). As trocas gasosas e a excreção de compostos nitrogenados vão ocorrer nos membros extremamente finos e na parte interna da carapaça (HAVEL, 2009).

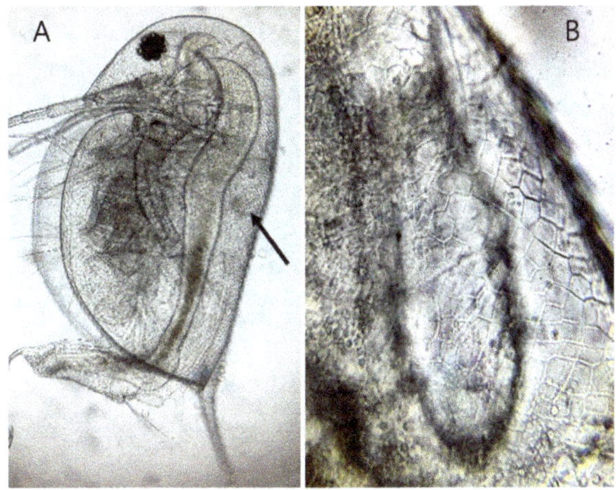

Figura 4.4   A imagem "A" mostra a localização do coração em um exemplar da cladócero da espécie *Daphnia magna*; em "B", vemos a imagem aproximada e o formato do coração. *Fonte*: Autor.

Cultivo

Na Aquicultura, ter êxito na larvicultura é um requisito para que as etapas seguintes de cultivo das espécies-alvo sejam bem-sucedidas. Logo há uma enorme dependência no uso de uma dieta à base de alimento vivo, organismos que podem ser enriquecidos e, assim, garantir uma alimentação rica em nutrientes (GOGOI; SAFI; DAS, 2016).

Os cladóceros, especialmente *Daphnia* sp., são bastante utilizados como alimento vivo durante a larvicultura de espécies cultivadas de peixes, de forma mais intensa na aquicultura ornamental (DELBARE; DHERT, 1996). De acordo com Sipaúba-Tavares e Rocha (2001), a *Moina* é um dos gêneros de Cladocera mais fáceis de ser produzidos e com elevado potencial de uso na aquicultura, dados os seus excelentes atributos, como o alto valor nutritivo e a rápida reprodução por meio de partenogênese, o que a torna capaz de produzir uma grande população em curto prazo.

Tanto pelo tamanho reduzido como pelo fácil cultivo, os cladóceros fazem parte dos organismos favoritos para a realização de experimentos visando compreender a fisiologia, o ciclo de vida e as interações desses zooplanctônicos com o ambiente e outros seres (HAVEL, 2009).

Antes de ofertar os cladóceros como alimento vivo, deve-se verificar o valor nutricional desses organismos, visto que são fortemente influenciados pela composição química dos seus itens alimentares. As *Daphnia*, por exemplo, não são interessantes como único item alimentar a ser ofertado para organismos marinhos, já que possuem baixo conteúdo de ácidos graxos essenciais, em particular o n-3 HUFA (DELBARE; DHERT, 1996). Em contrapartida, os autores destacam que as variadas enzimas digestivas produzidas por *Daphnia* sp., tais como proteinases, peptidases, amilases, lipases e até mesmo celulases, podem servir como exoenzimas para larvas de peixes altriciais, principalmente.

Segundo Gogoi, Safi e Das (2016), a qualidade nutricional das espécies de *Daphnia* e *Moina* varia consideravelmente com a idade, o habitat em que estão inseridas e o tipo de dieta que recebem. Mesmo com essa variabilidade nutricional, em média, o conteúdo proteico dos cladóceros será de 50% em peso seco.

As características reprodutivas dos cladóceros, observadas também nos rotíferos, torna-os capazes de produzir uma quantidade elevada de indivíduos até que haja a formação de superpopulação e redução na oferta de alimento (HAVEL, 2009).

De acordo com Smirnov (2017), as culturas de cladóceros podem ter início a partir de uma única fêmea. São conhecidas como culturas clonais e oferecem uma uniformidade maior de organismos. O ideal, entretanto, é utilizar entre 20 e 100 animais, ou até mesmo efípios, por litro para iniciar uma cultura massiva (DELBARE; DHERT, 1996).

Como já citado neste capítulo, graças ao mecanismo reprodutivo dos cladóceros, se respeitada a manutenção adequada das condições de cultivo, como temperatura, alimentação e qualidade de água, será possível obter muitos indivíduos (SIPAÚBA-TAVARES; BACHION, 2001). As culturas de cladóceros, porém, podem ser "temperamentais", o que significa que podem perdurar por vários anos se bem administradas ou podem simplesmente entrar em senescência ao final de um dia e se encerrarem. Logo é muito importante realizar o acompanhamento regular das culturas (CÁCERES; ROGERS, 2015).

São organismos extremamente sensíveis à presença de contaminantes, assim todos os utensílios e recipientes destinados ao cultivo desses organismos devem ser limpos e livres de compostos que possam interferir no desenvolvimento da cultura (DELBARE; DHERT, 1996). Segundo os autores, outros fatores importantíssimos para o sucesso no cultivo de cladóceros são: a) manutenção de um balanço iônico; e b) dureza da água; quesitos fundamentais para o preparo do meio de cultura destinado ao cultivo, principalmente, de *Daphnia* sp. Os autores recomendam que, para a dureza da água, haja concentração de 250 mg.L^{-1} de CO$_3^{2-}$, e que o meio de cultura contenha 390 mg.L^{-1} de potássio e 30-240 μg.L^{-1} de magnésio.

A maioria dos cladóceros vai preferir pH neutro, com algumas espécies preferindo ambientes mais acidificados e outras, pH mais básico (SMIRNOV, 2017). Sipaúba-Tavares e Rocha (2001) recomendam que o pH esteja entre 6 e 7 para culturas de cladóceros; já Delbare e Dhert (1996) sugerem um pH um pouco mais elevado, entre 7 e 8.

Para maior segurança na produção, é importante sempre ter múltiplas culturas, água de boa qualidade disponível e meio de cultura pronto (CÁCERES; ROGERS, 2015). Delbare e Dhert (1996) destacam que a concentração de amônia tóxica (NH$_3^-$) deve permanecer abaixo de 0,2 mg.L^{-1}, para segurança e bem-estar dos organismos produzidos.

Como também já destacado neste capítulo, a temperatura tem grande importância nos processos biológicos dos cladóceros. A temperatura para produção desses organismos é de 24 $\pm$ 4°C (SIPAÚBA-TAVARES; ROCHA, 2001). Já a concentração de oxigênio deve estar acima de 3,5 mg.L^{-1}, porém este não pode ser introduzido de forma vigorosa, pois podem se acumular bolhas de ar na região dorsal da carapaça dos animais, impedindo-os de se locomover corretamente, o que os levará à morte por inanição, por não conseguirem se alimentar adequadamente (DELBARE; DHERT, 1996).

Sipaúba-Tavares e Bachion (2001) destacam que a qualidade e a quantidade de alimento disponibilizado são fatores importantes para controlar o desenvolvimento e a reprodução de cladóceros. Outro ponto importante são as vitaminas, especialmente as do complexo B, administradas aos cladóceros indiretamente, por meio de sua adição nas culturas de microalgas que serão utilizadas como alimento desses animais. Esta simples ação pode resultar em aumento significativo no número de organismos.

Os cladóceros, especialmente *Daphnia* e *Moina* sp., se alimentam por filtração, utilizando para isso os apêndices toráxicos para coletar as partículas alimentares. São cinco membros torácicos que executaram a tarefa de puxar e conduzir o alimento (DELBARE; DHERT, 1996).

Muitas espécies zooplanctônicas, quando mantidas em cativeiro, têm demonstrado preferência alimentar por determinadas espécies de algas, entretanto é possível atingir bons resultados de produção quando se utiliza o fungo *Saccharomyces cerevisiae* em conjunto com as algas (SIPAÚ-BA-TAVARES; ROCHA, 2001).

Usualmente, a densidade ideal de microalgas, para uma boa alimentação dos cladóceros, é por volta de 10^5 a 10^6 células.mL^{-1}, sendo que para algumas espécies pode ser adicionado um pouco mais. Duas técnicas podem ser utilizadas na cultura dos cladóceros:

♦ Sistema detrital: consiste em uma mistura de fertilizantes orgânicos (como esterco bovino e/ou "cama" de frango), solo e água. A mistura é rica em nutrientes e vai promover o crescimento do fitoplâncton, que servirá de alimento para os cladóceros. A vantagem deste sistema é a automanutenção, já que há um constante *bloom* de algas variadas, assim os requisitos nutricionais dos cladóceros serão sempre mantidos. A desvantagem é a falta de confiança nas fontes de nutrientes, que podem variar. Pode haver, ainda, uma superfertilização, o que resultará no acúmulo de matéria orgânica, formação de camadas anóxicas e produção de compostos tóxicos, provocando mortalidades e, subsequentemente, a produção de efípios.

♦ Sistema autotrófico: trata-se da adição de algas já mantidas em cultivo (monoculturas) nos recipientes de cultivo dos cladóceros. Uma variante seria o uso de águas (águas verdes) dos cultivos de peixes ou camarões (efluentes), desde que conhecida a densidade algal, próxima à recomendada acima. A composição biológica das águas verdes é bem variável, visto que depende da comunidade fitoplanctônica no ambiente, e as espécies de microalgas serão dependentes do tipo de compostos dissolvidos nos efluentes, que mudam de um tipo de efluente para outro. Já por meio da adição de monoculturas de microalgas, há maior controle ambiental e nutricional, com a possibilidade de um mix de algas. A desvantagem deste método é a necessidade de suplementação com vitaminas para a permanência das culturas por longos períodos (DELBARE; DHERT, 1996).

Na seção sobre meios de cultura para diferentes espécies zooplanctônicas, Sipaúba-Tavares e Rocha (2001) fazem uma série de sugestões de meios de cultura que envolvem a adoção tanto da técnica do sistema detrital como a do autotrófico. Cabe ao produtor optar por aquele que melhor se adapta à sua produção e aos requisitos da espécie a ser mantida.

Como forma de ajustar a densidade algal a ser administrada diariamente e também estimar a coleta de biomassa, é necessário retirar uma alíquota das culturas de cladóceros rotineiramente. O monitoramento é realizado por contagem do número de indivíduos em placa de Petri, com o auxílio de uma lupa. Deve ser executada 24 horas após o início dos cultivos e, quando as densidades estiverem acima de 300 indivíduos por litro, já se faz necessária uma repicagem ou retirada de biomassa (DELBARE; DHERT, 1996; SIPAÚBA-TAVARES; ROCHA, 2001).

A coleta da biomassa pode ser realizada de forma não-seletiva ou seletiva (com a retirada das formas medianas, deixando os indivíduos maduros sexualmente e as formas jovens). Para coleta, redes com abertura de malha de 25 μm podem ser utilizadas. Depois de lavados e retirados os detritos e outras partículas, os cladóceros podem ser ofertados como alimento vivo, podem servir de inóculos ou mesmo ser armazenados sob congelamento, para uso posterior (DELBARE; DHERT, 1996; SIPAÚBA-TAVARES; ROCHA, 2001).

Copépodos

Informações gerais

Popularmente chamados de copépodos, são organismos pertencentes à subclasse Copepoda e que fazem parte do filo Arthropoda, subfilo Crustacea e classe Maxillopoda.

A classe Maxillopoda é representada por uma variedade de grupos taxonômicos, que compartilham entre si algumas características, tais como:

♦ Seus corpos vão apresentar até 11 segmentos; destes, seis são segmentos torácicos.

- Abdômen reduzido, sem apêndices.
- Olho naupliar com três unidades fotorreceptoras.
- Estrutura bucal bem desenvolvida, incluindo o palpo mandibular.
- Maxilas e maxílulas adaptadas à filtração (SUÁREZ-MORALES, 2015).

O nome copépodos deriva das palavras gregas *kope*, que significa remo, e *podos*, que significa pé. A maioria dos membros deste grupo tem cinco pares de patas achatadas destinadas à natação (HARRIS, 2009).

A grande maioria destes microcrustáceos serão espécies marinhas, sendo componentes importantíssimos do plâncton, mas também possuem representantes em estuários e na água doce, onde dividem a representatividade com os Cladocera (SIPAÚBA-TAVARES; ROCHA, 2001; STØTTRUP, 2003).

Segundo Harris (2009), os copépodos são organismos dominantes no plâncton marinho. São conhecidas mais de 10.000 espécies de copépodos, o que faz deles os metazoários mais numerosos no planeta.

Como colocado anteriormente, os crustáceos formam um dos grupos de parasitas mais diversos dentro dos ambientes marinhos, e os Copepoda representam uma grande parcela deles. Das espécies de copépodos existentes, alguns são organismos parasitas, até bastante conhecidos na aquicultura como as *Lerneae* sp. (KLIMPEL *et al.*, 2019). Os aquaristas, de forma involuntária, são os que possuem mais contato com as espécies parasíticas (STØTTRUP, 2003).

Geralmente, os copépodos possuem hábito alimentar onívoro, o que lhes garante abundância, dada a diversidade de alimentos que consomem. Isso vai lhes fornecer também um elevado conteúdo energético por unidade de massa (WILLIAMSON; REID, 2009). Segundo Esteves (2011), as espécies carnívoras são geralmente maiores que as herbívoras.

Exercem um papel fundamental nos ecossistemas aquáticos, controlando a produção de fitoplanctônicos e servindo de alimento, principalmente, para larvas e juvenis de peixes (HARRIS, 2009). Em rios e áreas alagadas continentais, esses organismos podem ser encontrados associados à zona bentônica (DODDS; WHILES, 2010).

A distribuição desses organismos na coluna d'água segue a mesma sequência de fatores que influenciam na distribuição dos cladóceros (ESTEVES, 2011).

As três ordens de vida livre mais importantes nos ambientes aquáticos e para a aquicultura são: Calanoida, Cyclopoida e Harpacticoida (Figura 4.5).

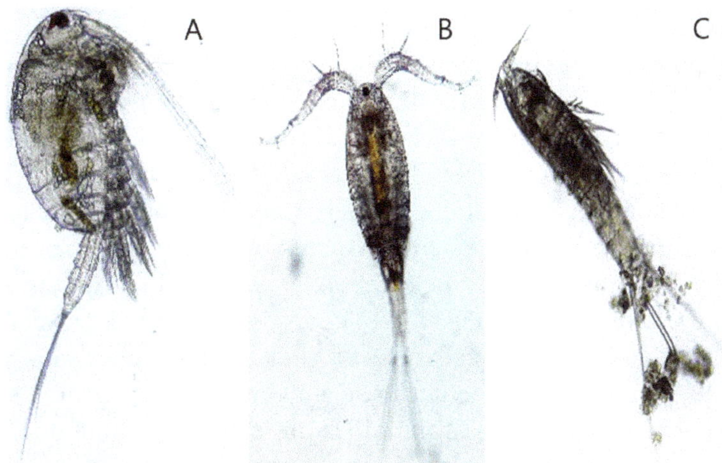

Figura 4.5 Organismos representantes das três principais subordens de Copepoda que são utilizados como alimento vivo na aquicultura. Em "A", vemos um copépodo da subordem Calanoida; em "B", um representante da subordem Cyclopoida; e, em "C", da subordem Harpacticoida. *Fonte*: Autor.

Copépodos calanoides são predominantemente pelágicos, tanto em ambientes marinhos (onde são mais abundantes) como nos continentais, sendo encontrados em diferentes profundidades. São organismos considerados filtradores seletivos, alimentando-se de pequenos organismos fitoplanctônicos. Algumas espécies podem ser predadores ativos, e suas presas variam de pequenos organismos a ovos de outros copépodos. Uma característica que os distingue dos outros dois grupos de copépodos é o tamanho das antênulas (acima de 27 segmentos), sendo maior até que o comprimento do próprio corpo do animal (STØTTRUP, 2003; WILLIAMSON; REID, 2009).

Os harpacticoides vão ser essencialmente bentônicos (vivendo na epifauna ou na infauna) e diferenciam-se, basicamente, pelo tamanho curto das antênulas (menos de 10 segmentos) (STØTTRUP, 2003; HARRIS, 2009).

Já entre os ciclopoides vamos encontrar espécies bentônicas e outras pelágicas, organismos de vida livre ou parasitas, em ambientes marinhos ou de água doce (onde são mais abundantes). Muitas das espécies de vida livre são predadoras, atacando larvas pequenas e pouco desenvolvidas de peixes. É esta característica que faz com esse grupo seja pouco utilizado na aquicultura. A dieta ainda pode ser composta de larvas de dípteros e oligoquetas. Outras diferenciações em relação aos calanoides e harpacticoides são: o comprimento das antênulas, que vai ser menor do que o observado nos calanoides (possuindo de 6 a 17 segmentos), e a presença de uma antena unirramificada (nos outros dois, a antena é birramificada), que auxilia na captura de presas (WILLIAMSON; REID, 2009; ESTEVES, 2011; STØTTRUP, 2003).

Normalmente, os copépodos se apresentam transparentes ou nas cores cinza ou marrom, porém podem possuir colorações com tons brilhantes de verde, azul, amarelo, vermelho, roxo e rosa (WILLIAMSON; REID, 2009). De acordo com Esteves (2011), espécies de copépodos calanoides armazenam alimento em câmaras especiais no intestino médio. Como consequência, dada a pigmentação do alimento, o transparente é substituído pelo vermelho dos carotenoides presentes nos alimentos, ou as cores azul ou verde, de acordo com os pigmentos contidos nos alimentos consumidos.

Na parte ventral de seus corpos, os copépodos vão apresentar pares de apêndices com diferentes funções. Nos calanoides, por exemplo, os apêndices que se encontram logo abaixo dos segmentos da cabeça são utilizados para criar um fluxo de água e, dessa forma, capturar o alimento. Já os apêndices que se localizam do meio para baixo do segmento torácico serão destinados à natação (KOBAYASHI *et al.*, 2009).

Segundo Støttrup (2003), as espécies de vida livre, geralmente, vão possuir um corpo cilíndrico e abdômen estreito, composto pelo tórax e abdômen (ou urossoma). A cabeça é fundida ao tórax e, juntos, formam o prossoma. É onde está localizado um típico olho naupliar (Figura 4.6), um conjunto de antenas e apêndices que são utilizados na natação e alimentação.

Ao contrário dos cladóceros, que permanecem crescendo e realizando mudas ao longo de toda a vida, os copépodos param de crescer quando atingem a maturidade (HAVEL, 2009). Outra diferença é a ausência de ciclomorfoses em copépodos, o que já ocorre em cladóceros e rotíferos (ESTEVES, 2011).

A abertura genital dos copépodos está localizada no primeiro segmento abdominal; uma das antenas, ou as duas, vão atuar agarrando a fêmea durante a cópula. O último segmento é onde está posicionada a abertura anal (STØTTRUP, 2003). As fêmeas vão apresentar um corpo mais largo que os machos (KOBAYASHI *et al.*, 2009).

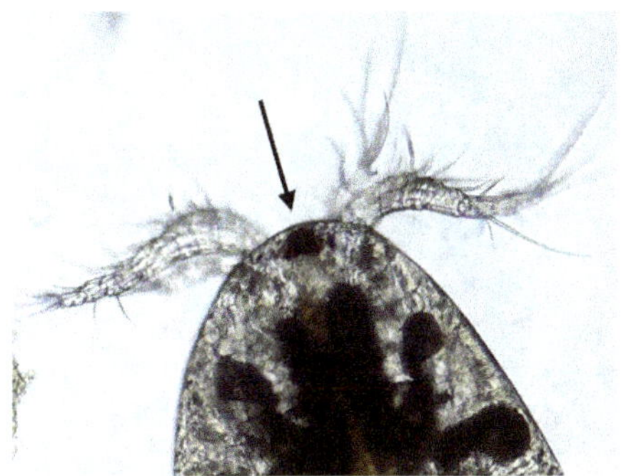

Figura 4.6 Detalhe do olho naupliar (seta preta) localizado na extremidade da região da cabeça de um copépode ciclopoide. *Fonte*: Autor.

Os copépodos vão, em sua maioria, reproduzir-se sexualmente, com os machos depositando o espermatóforo na abertura genital da fêmea. Segundo Harris (2009), o macho é atraído pela fêmea, seguindo compostos químicos, os feromônios. Ele captura a fêmea, ajusta-se à posição de cópula e, em seguida, transfere o espermatóforo para ela.

Nos calanoides, os ovos formam uma massa e permanecem aderidos à fêmea até a eclosão. Algumas espécies desovam à noite, e logo após a desova é necessária uma nova cópula para que a fêmea produza ovos novamente. Nos ciclopoides e harpacticoides, as fêmeas podem apresentar uma ou duas estruturas conhecidas como sacos ovígeros ou ovissaco (Figura 4.7A e B), nos quais os ovos ficam armazenados e aderidos ao segmento genital até a eclosão (STØTTRUP, 2003).

Dos ovos eclodirão os náuplios, que possuem três pares de apêndices articulados (antênulas, antenas e mandíbulas). Transcorridos de cinco a seis estágios naupliares, inicia-se a fase de copepodito, em que, após cinco mudas, atingirão a fase adulta. Esse intervalo entre copepoditos e adultos varia de acordo com a espécie, formação de estruturas de resistência (muitas espécies podem formar esses tipos de estruturas nessa fase, dada a existência de condições ambientais desfavoráveis) e condições ambientais, o que pode ocorrer em uma semana ou demorar um ano (ESTEVES, 2011).

Outros mecanismos observados em copépodos durante o ciclo de vida são a produção de ovos de resistência e o estado de dormência.

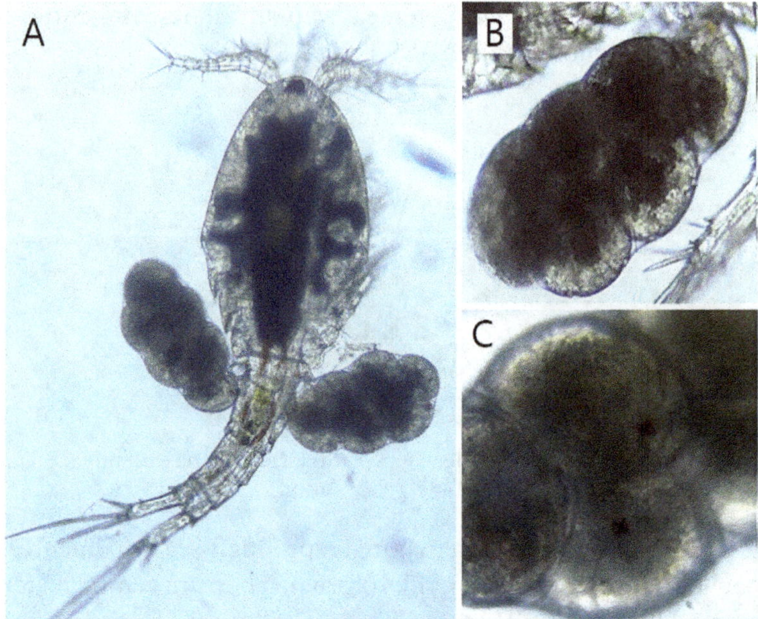

Figura 4.7 Em "A", tem-se a imagem de uma fêmea de copépode ciclopoide com dois ovissacos repletos de ovos; em "B", temos uma imagem aproximada de um dos ovissacos transportados pelas fêmeas; já em "C" vemos a imagem de dois ovos com os embriões no interior. *Fonte*: Autor.

Segundo Suárez-Morales (2015), normalmente, os copépodos vão produzir ovos que eclodirão após alguns dias de incubação, porém, caso as condições ambientais não sejam favoráveis aos animais, haverá a ocorrência da *diapausa*. A diapausa é uma espécie de "parada biológica induzida", necessária para ajustes fisiológicos individuais. Em algumas espécies de copépodos haverá a produção de um tipo especial de ovos, chamados de ovos de resistência (ou ovos em diapausa), enquanto em outras espécies ocorrerá uma fase de dormência.

Os ovos em diapausa apresentam a característica de resistir e permanecer nessa condição por muito mais tempo. Já a diapausa em indivíduos eclodidos (náuplios até adultos) vai ocorrer na forma de uma simples interrupção no desenvolvimento do organismo ou produção de um cisto. O mesmo autor destaca que esse mecanismo é seletivamente vantajoso, visto que evita condições ambientais desfavoráveis, e a fase de dormência é completamente reversível, tão logo as condições ambientais se tornem favoráveis novamente.

Cultivo

Os copépodos são utilizados como alimento vivo há várias décadas. Em 1996, Delbare, Dhert e Lavens destacavam que os custos de infraestrutura e mão de obra, para que sejam produzidas quantidade suficientes de copépodos para atender a uma larvicultura, podem dificultar as operações comerciais. Logo, o estabelecimento de protocolos para a produção em massa, que apresente boa relação custo-benefício, é o desafio (CONCEIÇÃO *et al.*, 2010).

A forma pela qual esses organismos são obtidos pode variar, sendo capturados na natureza e oferecidos imediatamente como alimento vivo ou sendo capturados e inoculados em tanques para aumentar a produção. Uma vez obtida, a biomassa pode passar por diversos processos de armazenamento, como congelamento, secagem, liofilização, visando a uso posterior (STØTTRUP, 2003).

Os copépodos, na maioria das vezes, são produzidos em escala piloto ou em locais onde é possível:

◆ Captura regular no ambiente, graças à abundância das comunidades; ou por

◆ Indução ou incentivo artificial de *blooms* de organismos (CONCEIÇÃO *et al.*, 2010).

Entretanto, a variação sazonal na abundância das populações de copépodos jamais poderá representar um fator limitante à necessidade ou à demanda por alimento vivo nas larviculturas, especialmente para as espécies de peixes marinhos (AJIBOYE *et al.*, 2011).

Como citado, os organismos podem ser capturados e ofertados imediatamente ou capturados e conduzidos para tanques visando aumentar a produção. Várias redes com diferentes aberturas de malha podem ser utilizadas nessa atividade, porém essa metodologia tem como desvantagem a não seletividade dos organismos capturados, o que pode levar à presença de espécies nocivas, predadoras dos copépodos e parasitas da espécie-alvo (DELBARE; DHERT; LAVENS, 1996; STØTTRUP, 2003).

Diversos estudos exaltam o uso de copépodos como alimento vivo, dado o seu elevado valor nutricional e os diferentes estágios de vida apresentados por esses organismos (ovo, náuplio, copepodito e adultos). Dessa maneira, pelo menos uma etapa do ciclo vital vai servir como alimento inicial das espécies-alvo. Outro destaque seria o modo como se locomovem (em zigue-zague), que serve de estímulo visual e incentiva a larva na captura do alimento. Por fim, outra vantagem é a presença de copépodos não consumidos, especialmente as espécies bentônicas. Estes vão se fixar nas paredes dos tanques de produção de larvas e se alimentar da matéria orgânica, detritos e algas que crescem aderidas (DELBARE; DHERT; LAVENS, 1996).

Espécies não carnívoras e/ou não parasíticas de copépodos são as preferidas para ser utilizadas como alimento vivo.

Os calanoides e harpacticoides são os grupos mais estudados para produção massiva. Støttrup (2003) relata que são poucos os estudos utilizando copépodos ciclopoides como alimento vivo.

Comparativamente, os harpacticoides são menos sensíveis (ou são mais tolerantes) a condições ambientais extremas e mais fáceis de ser mantidos em culturas intensivas, pois, além de produzir elevada biomassa, alimentam-se de uma variedade de itens como microalgas, bactérias, detritos e até mesmo dietas artificiais (DELBARE; DHERT; LAVENS, 1996).

Conceição *et al.* (2010) afirmam que, para copépodos calanoides, a produtividade máxima da cultura sempre vai ser um fator limitante. Os autores destacam, ainda, que a maioria das espécies, principalmente de calanoides, utilizadas na aquicultura provém de captura em ambientes naturais ou por *blooms* induzidos em corpos hídricos fechados, como lagos e lagoas, por exemplo.

Segundo Støttrup (2003), outro diferencial que se deve observar, na escolha de uma espécie destinada à produção na aquicultura, é o tempo de geração curto à temperatura ambiente.

Os harpacticoides apresentam um ciclo de vida curto, variando de 8 a 29 dias, alta fecundidade e possibilidade de produção em altas densidades, muitas vezes excedendo 100.000 ind. L^{-1}. Por sua natureza bentônica, tem como requisito maior área de superfície do que volume (CONCEIÇÃO *et al.*, 2010).

Sarkisian *et al.* (2019) destacam que, na produção de copépodos em sistemas extensivos, irá se observar muita variabilidade na composição e abundância das espécies, além de ser imprevisível e haver a possibilidade da presença de patógenos no ambiente de cultivo. Já para sistemas intensivos, verifica-se maior biossegurança, redução no uso de água e aumento do controle sobre parâmetros vitais, estrutura populacional, alimentação e parâmetros ambientais. Em contrapartida, os autores salientam que a produção intensiva requer maior aparato tecnológico, infraestrutura e mão de obra.

Os cultivos extensivos de copépodos podem ser realizados em grandes viveiros, tanques ou em ambientes naturais. Esse sistema de cultivo baseia-se na indução de florações algais e, para isso, se utilizam fertilizantes agrícolas e a manipulação da concentração de nitrogênio fornecida, o que vai propiciar o desenvolvimento de diferentes espécies de microalgas, um dos principais alimentos dos copépodos (CONCEIÇÃO *et al.*, 2010).

Sarkisian *et al.* (2019) descrevem o cultivo intensivo de *Acartia tonsa*, uma espécie de copépodo calanoide cosmopolita, euritermal e eurihalino, que pode ser encontrado em latitudes subtropicais e temperadas. As culturas feitas pelos autores foram do tipo *batch* ou estacionário (descrito no capítulo 3), organizado em três fases. A primeira foi destinada à produção de ovos; na fase seguinte foi realizada a incubação de ovos; e na fase final foi promovido o crescimento dos organismos até o estágio adulto.

De acordo com os autores, para alcançar a etapa de produção massiva de *A. tonsa* pelo método *batch*, foram necessários quatro meses. A fase 3, ou fase de crescimento, consistia na manutenção dos animais, que foram divididos em 24 tanques com capacidade para 900 litros e alimentados diariamente com *T-isochrysis lutea* nas densidades de 20 a 200 células.10^3.mL^{-1}, de acordo com o estágio de vida dos animais. Após 14 dias da eclosão e mantidos nessa condição, os animais atingiam o estágio de adulto e eram destinados aos seis tanques utilizados na fase 1. Nesse sistema intensivo, os autores relataram terem sido capazes de produzir 22 milhões de ovos por dia, o que fornecia 11 milhões de náuplios, destinados à alimentação de larvas de peixe (*Lutjanus campechanus*) e continuidade dos ciclos produtivos.

Como já citado, copépodos possuem uma dieta muito ampla, e até mesmo ração, como no caso dos harpacticoides, pode ser ofertada como alimento para esses organismos, porém as microalgas vão ser um dos componentes principais da dieta, principalmente visando ao enriquecimento nutricional. Conceição *et al.* (2010) destacam que, ao utilizar microalgas para compor a alimentação de qualquer espécie de copépodo mantida em cativeiro, deve-se observar os seguintes requisitos:

◆ O tamanho da célula.

◆ A capacidade de produção de biomassa.

◆ A velocidade de sedimentação.

Assim, por exemplo, espécies de microalgas grandes e que sedimentam rapidamente são ideais para copépodos harpacticoides; já células menores que permanecem mais tempo na coluna d'água são ideais para calanoides.

Støttrup (2003) salienta que, dentre outras funções, o fornecimento de aeração em sistemas intensivos de copépodos servirá para manter as microalgas em suspensão, promover melhor distribuição das algas e evitar a formação de áreas anóxicas nos tanques de produção.

Outro ponto destacado por Conceição *et al.* (2010) diz respeito à limpeza e manutenção das unidades de produção. Os autores salientam que é por meio da limpeza que se evitará a proliferação de bactérias e infestações por ciliados. Os calanoides vão ser o grupo de copépodos mais sensíveis, requerendo limpeza e sinfonamento (troca de água) dos tanques, se comparados aos harpacticoides, visto que estes têm a capacidade de "autolimpeza" do ambiente de cultivo.

Drillet *et al.* (2006) ressaltam que, embora se tenham estudos discutindo o modo de produção dos copépodos, para o armazenamento e conservação ainda há a necessidade de mais pesquisas. Segundo Ajiboye *et al.* (2011), quanto mais conhecimento for gerado sobre tudo o que envolve a produção de copépodos, mais fácil será no futuro promover o desenvolvimento das culturas, com mais praticidade e com um custo-benefício que favoreça a atividade.

Rotíferos

Informações gerais

Os organismos pertencentes ao filo Rotifera são invertebrados aquáticos, microscópicos, sem segmentação, pseudocelomados e com simetria bilateral. São considerados os menores organismos multicelulares que compõem o zooplâncton. Das cerca de 2.000 espécies descritas, a maioria, algo em torno de 90%, vai ser encontrada em ambientes de água doce, prosperando principalmente em ambientes eutrofizados, porém algumas espécies vão estar presentes em estuários, mares e oceanos (DHERT, 1996; LUBZENS; ZMORA, 2003; STERNER, 2009; KAILASAM *et al.*, 2015).

Se observada a quantidade de biomassa produzida, muitas vezes os rotíferos não serão os mais abundantes nos ambientes aquáticos naturais (STERNER, 2009). Nos ambientes naturais, os rotíferos serão competidores muito fracos em relação a seus desafiantes (cladóceros e copépodos); possuem capacidade de filtração muito inferior aos cladóceros, por exemplo. As partículas alimentares que consomem apresentam tamanho muito específico, e eles são menos resistentes à ausência de alimento (WALLACE; SNELL; SMITH, 2015). Mas, de acordo com Kailasam *et al.* (2015), sempre, após florações de fitoplanctônicos, os rotíferos apresentam sucesso na multiplicação populacional.

Roche e Silva (2017) destacam que os rotíferos são elementos importantes na teia trófica de ambientes aquáticos, atuando como cicladores de matéria orgânica e sendo úteis como indicadores de qualidade ambiental, na ecotoxicologia e na aquicultura. Wallace e Smith (2009) reforçam que, além de elo na cadeia trófica, os rotíferos possuem papel fundamental na alça microbiana.

Em algumas partes do mundo, os cultivos de algumas espécies de peixes marinhos só prosperaram graças ao sucesso na produção massiva de rotíferos *Brachionus plicatilis* e *Brachionus rotundiformis* (LUBZENS; ZMORA; BARR, 2001).

Figura 4.8 Imagem de uma cultura de rotíferos da espécie *Brachionus plicatilis*, destinada à alimentação de peixes marinhos, em piscicultura ornamental. *Fonte*: Autor.

Os rotíferos raramente vão atingir 2 mm de comprimento corporal. Os machos têm o corpo pouco desenvolvido e um tamanho reduzido em relação às fêmeas, com alguns medindo apenas 60 μm (DHERT, 1996).

Esses organismos apresentam duas estruturas conspícuas. A primeira, e que mais chama a atenção, é a corona; já a segunda estrutura, que todos os rotíferos vão possuir, é uma faringe muscular terminada em uma estrutura conhecida por mástax, que possui um complexo de mandíbulas conhecido por trophi (WALLACE; SNELL; SMITH, 2015). Segundo os autores, o trophi é tão único que pode ser utilizado para identificação das espécies.

O corpo vai ser dividido em cabeça, tronco e pé. É na região da cabeça que vai estar localizada a corona, uma estrutura retrátil formada por dois anéis concêntricos de cílios que auxiliam na locomoção e alimentação. A corona, ao se movimentar, direciona os itens alimentares para uma cavidade corporal onde são triturados e absorvidos. Na natureza, a dieta é, em geral, composta por bactérias, flagelados, pequenos ciliados e microalgas (DHERT, 1996; STERNER, 2009; KAILASAM *et al.*, 2015; ROCHE; SILVA, 2017).

No tronco dos rotíferos vai estar localizado o trato digestivo, sistema excretor e reprodutor. O outro órgão característico dos rotíferos é o mástax, uma estrutura calcificada localizada no final da faringe do animal que é responsável por triturar o alimento (DHERT, 1996). O corpo dos rotíferos é coberto por uma cutícula extracelular, uma secreção gelatinosa do tegumento subjacente, e não possui função esquelética. As espécies nas quais essa cutícula é densa são conhecidas como formas loricadas; já aquelas em que essa cutícula é fina e mais flexível são denominadas de aloricadas (LUBZENS; ZMORA, 2003).

O formato e tamanho, o grau de ornamentação e o perfil dos espinhos presentes na lórica é que vão auxiliar na diferenciação das espécies e morfotipos (DHERT, 1996). De acordo com Roche e Silva (2017), para as espécies aloricadas, o procedimento de identificação é mais complicado, já que a fixação das amostras não é viável, logo vai requerer que a visualização, por microscopia, seja realizada com o organismo ainda vivo em campo (caso seja possível) ou que seja feita a manutenção do animal até a chegada ao laboratório, o que nem sempre é possível, dada a distância.

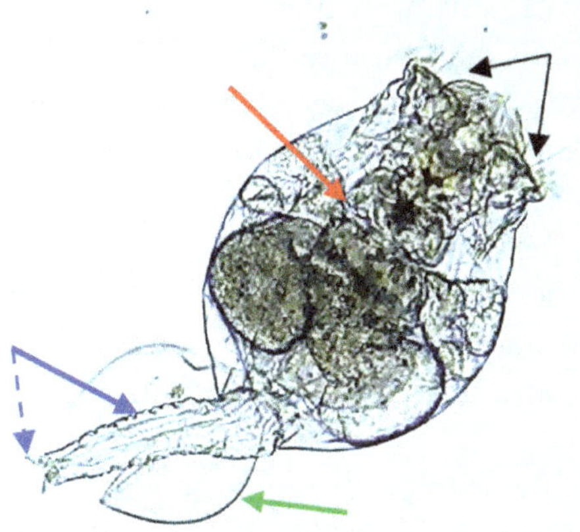

Figura 4.9   Imagem aproximada de um exemplar de rotíferos *B. plicatilis*, sendo possível verificar, na extremidade anterior (setas pretas), a corona. A seta vermelha indica a localização do mástax; já na extremidade oposta nota-se o pé (seta azul), que normalmente apresenta dois dedos (seta azul segmentada), mas o número pode variar de ne7nhum até quatro dedos, dependendo da espécie. Ainda é possível verificar a presença de resquício do ovo vazio (seta verde); neste caso, a fêmea tentava desprender a casca ainda aderida, através da movimentação do pé. *Fonte*: Autor.

Um dos principais exemplos de classificação por morfotipos ocorre com a espécie de rotífero *Brachionus plicatilis*. O *B. plicatilis* vai possuir um tamanho corporal variando de 100 a 400 μm, de acordo com cepa utilizada (KAILASAM *et al.*, 2015).

Dada essa variação de tamanho, para uso na aquicultura, a espécie é dividida em dois morfotipos: os rotíferos com tamanho médio de 160 μm são denominados de *Brachionus rotundiformis*, ou tipo "S" (do inglês, *small type*), já os rotíferos com tamanho médio de 240 μm permanecem com a nomenclatura de *B. plicatilis*, ou tipo "L" (do inglês, *large type*) (DHERT, 1996).

Além da diferenciação por tamanho, o formato da lórica e dos espinhos é distinto entre as espécies: em *B. rotundiformes* os espinhos são pontiagudos e em *B. plicatilis* são obtusos (KAILASAM *et al.*, 2015).

Ainda segundo os autores, atualmente, os rotíferos são classificados em três grupos diferentes, com base no tamanho da lórica. A linhagem tipo "SS" (do termo em inglês, *super small type*) é utilizada para exemplares com comprimento entre 100 e 140 μm; a linhagem tipo "S" são animais com tamanho de 141 a 220 μm; e, por fim, a linhagem tipo "L" são para rotíferos acima de 220 μm.

Os rotíferos são organismos capazes de tolerar grandes variações de salinidade, graças às suas características eurihalinas, e com grande amplitude térmica destinada ao crescimento, variando de 15 a 35°C, sendo o ciclo de vida mais curto quando mantido em temperaturas altas (KAILASAM *et al.*, 2015).

Se o ambiente permitir, os rotíferos vão apresentar altas taxas de reprodução, superando facilmente 10^3 ind.L^{-1}. Em estações de tratamento de esgoto, a quantidade de organismos pode ultrapassar 10^4 ind.L^{-1}, enquanto na aquicultura pode ser superior a 10^6 ind.L^{-1} (WALLACE; SMITH, 2009).

Os rotíferos são geralmente ovíparos, com o embrião se desenvolvendo externamente ao corpo da mãe (LUBZENS; ZMORA, 2003). Segundo Wallace, Snell e Smith (2015), nas espécies planctônicas, os ovos podem ficar aderidos à fêmea por um filete extremamente fino, presos a um substrato ou simplesmente liberados na água.

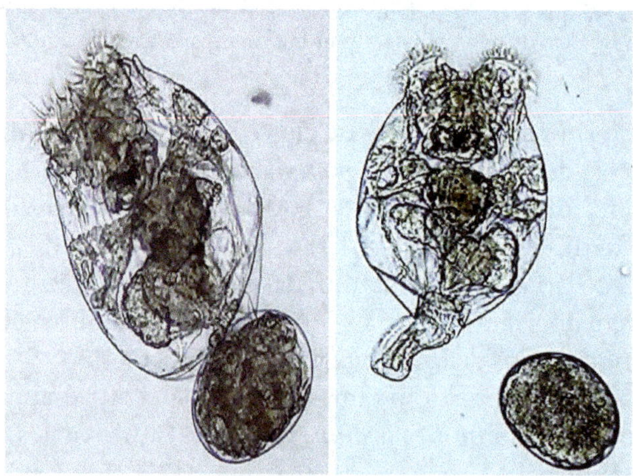

Figura 4.10 Nas imagens, temos duas fêmeas de *B. plicatilis* com ovos: a fêmea da esquerda ainda apresentava o ovo aderido; já a fêmea da direita, com o auxílio do pé, conseguiu se livrar do ovo. *Fonte*: Autor.

No geral, todos os rotíferos encontrados na natureza são fêmeas, com os machos ocorrendo em períodos curtos e/ou específicos, sendo que em algumas espécies jamais são vistos (LUBZENS; ZMORA, 2003). Nos rotíferos Bdelloidea, a reprodução ocorre por partenogênese, já nos Monogononta a reprodução envolve os ciclos assexuados (amícticos) e ciclos intermitentes sexuados (mícticos) (WALLACE; SMITH, 2009).

Os rotíferos se tornam adultos decorridos de 12 a 36 horas da eclosão, e 4 horas depois de se tornarem adultas as fêmeas já estão produzindo ovos (DHERT, 1996). Segundo o autor, uma fêmea pode produzir uma dezena de gerações até eventualmente morrer.

Segundo Esteves (2011), a reprodução partenogenética (clonal) é a mais frequente e, por meio desse mecanismo, as populações são capazes de produzir muitas gerações.

A reprodução clonal permite que um mesmo genótipo seja replicado em um número essencialmente ilimitado de fatores e até mesmo por combinações de fatores (STELZER, 2017).

Quando maduras, as fêmeas amícticas produzem ovos amícticos (diploides, 2n), que logo se desenvolverão em novas fêmeas amícticas. A partir de condições ambientais específicas, as fêmeas amícticas passam a produzir ovos mícticos (haploides, n), não sendo possível visualmente distinguir entra quais fêmeas produzem ovos diploides e quais produzem haploides. A partir dos ovos (denominados de mícticos) gerados pelas fêmeas eclodirão machos (haploides, n) (DHERT, 1996).

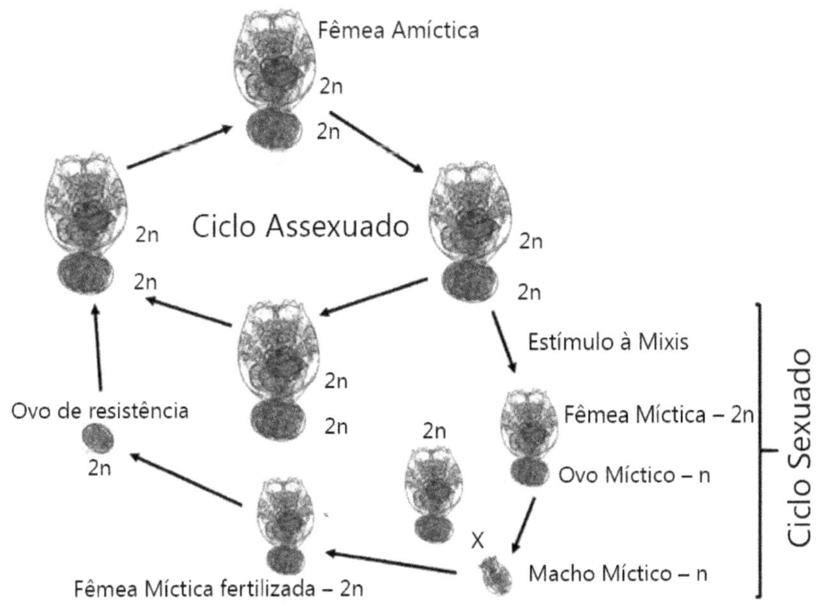

Figura 4.11 Esquema reprodutivo de rotíferos, demonstrando a alternância entre os ciclos assexuado e sexuado. *Fonte*: Autor.

Wallace, Snell e Smith (2015) relatam que o estímulo à reprodução sexuada parte das próprias fêmeas, em resposta a um sinal de "aglomeração", ou seja, de superpopulação (do termo em inglês, *crowding signal*). Para isso é liberada uma molécula de *quórum sensing*, conhecida por sinal de mixis, sintetizado pelas próprias fêmeas, o que resultará na produção de machos.

Os machos haploides terão cerca de ¼ do tamanho das fêmeas, fenômeno que é denominado de nanismo masculino (do termo em inglês, *male dwarfism*). Não possuem intestino funcional e vivem de algumas poucas horas até no máximo três dias. Após fertilizarem as fêmeas, estas produzirão os ovos de resistência (ou ovos de diapausa). Trata-se de ovos diploides, gerados para resistir a condições severas e adversas, que só eclodirão quando as condições ambientais estiverem mais uma vez viáveis (DHERT, 1996; WALLACE; SMITH, 2009; MANICKAM; SANTHANAM; BHAVAN, 2019).

Segundo Esteves (2011), o motivo para a interrupção da reprodução assexuada e início da reprodução sexuada sempre despertou interesse científico. Como já citado aqui, parte das próprias fêmeas o início desse mecanismo e, como o próprio autor destaca, pode se dever a condições ambientais desfavoráveis ou mesmo a um condicionamento genético após sucessivas reproduções partenogenéticas.

Cultivo

Dentre os organismos utilizados como alimento vivo, os rotíferos vão se destacar como os mais ofertados nas larviculturas, graças às suas características únicas, como:

♦ Tamanho reduzido.
♦ Baixa motilidade.
♦ Elevada taxa de reprodução.
♦ Aceitação de dietas à base de microalgas.
♦ Fácil aceitação da bioencapsulação.
♦ Capacidade de produção em massa (KAILASAM *et al.*, 2015).

Muitas espécies de peixes têm na larvicultura uma dieta inicial à base de organismos vivos, como rotíferos e cladóceros, para em seguida se tornarem aptos a se alimentar de uma dieta artificial (GOGOI; SAFI; DAS, 2016).

Naturalmente, os rotíferos não vão ser o principal item alimentar das larvas de espécies marinhas, pois há no ambiente uma grande variedade de organismos à disposição. Já em cativeiro o cenário é diferente, tendo ali apenas dois ou três organismos diferentes a ser ofertados como alimento para as larvas durante os 30 primeiros dias de alimentação exógena (LUBZENS; ZMORA, 2003).

Os copépodos são abundantes na natureza, e as artêmias (com a formação grandes quantidades de cistos) também podem ser coletadas facilmente em ambientes naturais. Este fato não ocorre com os rotíferos, logo, para se obter uma oferta regular de biomassa e em quantidade que atenda às necessidades de uma larvicultura, é necessário realizar o cultivo (LUBZENS; ZMORA, 2003). Segundo os autores, por outro lado, a facilidade e o baixo custo de produzir rotíferos em altas densidades faz com que seja pouco provável que outros organismos – como os copépodos, por exemplo – se tornem uma alternativa economicamente viável em detrimento dos rotíferos. Além da manutenção de uma mesma cultura por várias gerações (STELZER, 2017).

Em condições ideais de temperatura, alimentação e fotoperíodo, o ciclo de vida será de até 14 dias nas espécies planctônicas (MANICKAM; SANTHANAN; BHAVAN, 2019). Para evitar a perda completa do organismo, é necessária a manutenção de uma cepa ou cultura estoque, que deve ser mantida em um frasco apropriado, em ambiente adequado e isolado, para evitar contaminações (DHERT, 1996).

A qualidade nutricional dos rotíferos cultivados é assegurada e controlada pelo uso de culturas bem estabelecidas de microalgas e por métodos de enriquecimento de biomassa (bioencapsulação, discutido no item 4.6 deste capítulo) (LUBZENS; ZMORA, 2003).

Os principais alimentos dados a rotíferos em cultivo são biomassa fresca de microalgas e fermento biológico (HAGIWARA; KIM; MARCIAL, 2017). Ainda segundo os autores, os rotíferos alimentados com fermento biológico devem sempre passar por um processo de enriquecimento antes de ser ofertados às larvas.

Como já bastante discutido, os rotíferos são um dos itens alimentares mais importantes na etapa da larvicultura em peixes, principalmente das espécies marinhas, e vão se destacar pelo tamanho diminuto e a baixa mobilidade. Assumem o protagonismo de ser o primeiro alimento consumido por larvas que ainda não conseguem se alimentar de náuplios de artêmia, dada a abertura reduzida da boca (LIM; DHERT; SORGELOOS, 2003).

Os produtores devem sempre estar atentos a eventos inesperados que podem levar à baixa produtividade e à perda da cultura, como água com qualidade duvidosa, principalmente com a presença de poluentes e agentes contaminantes, alimentação que não tenha a qualidade e a quantidade certa, presença de organismos patogênicos e doenças (LUBZENS; ZMORA, 2003). O uso de fermento biológico é ideal para os produtores pelo seu baixo custo de aquisição, porém esse produto pode levar a uma rápida perda de qualidade da água; já as microalgas vão ser o melhor alimento no quesito nutricional para os rotíferos, entretanto vão necessitar de unidades produtivas, podendo incorrer em contaminação cruzada. Em países desenvolvidos, a aquisição de pastas de biomassa de microalga concentrada é uma alternativa viável, mas, nos países em desenvolvimento, o alto custo de aquisição pode representar um impedimento (HAGIWARA; KIM; MARCIAL, 2017).

Lubzens *et al.* (1995) destacam que a aquisição dos produtos à base de microalgas (pastas e congelados) apresentam as seguintes vantagens:

- ◆ Transporte e estocagem por longos períodos, eximindo as larviculturas da necessidade de ter uma unidade produtora de algas.
- ◆ Garantia de que as algas possam ser produzidas com o maior valor nutricional possível.
- ◆ Qualidade e composição química podem ser determinadas com antecedência.
- ◆ Permitem aos rotíferos atingir altas densidades.

Dhert *et al* (2001) relatam que os três principais problemas de manutenção de rotíferos são:

- ◆ A imprevisibilidade da produção em massa.
- ◆ A dificuldade de coleta e manuseio das grandes populações.
- ◆ A dificuldade de produção de um rotífero "limpo" do ponto de vista microbiológico, ou seja, livre de detritos, pequenas partículas e flocos.

Várias espécies de rotíferos já foram utilizadas em cultivos, mas os esforços se concentram em algumas poucas, muitas vezes do gênero *Brachionus* (WALLACE; SMITH, 2009). O sucesso no cultivo dos rotíferos está ligado à escolha da espécie mais apropriada para as condições locais, ao sistema de manutenção de qualidade de água e à técnica de cultivo adotada (LUBZENS; ZMORA, 2003).

A produção em massa de rotíferos é alcançada por incentivar a reprodução assexuada, uma vez que a ocorrência de reprodução sexuada vai resultar na presença de machos e ovos de resistência. Além disso, os machos são ainda menores, têm valor nutricional inferior, o poder de natação é maior e, por fim, como não possuem sistema digestivo desenvolvido, torna-se impraticável a bioencapsulação (LUBZENS; ZMORA, 2003).

As práticas de rotina nas culturas de rotíferos são a oferta diária de alimentos e algumas trocas parciais dos meios de cultura ao longo da semana (WALLACE; SMITH, 2009).

De acordo com Lubzens e Zmora (2003), outra prática rotineira no cultivo de rotíferos é a contagem do número de animais e do número de ovos que carregam por mL. Dessa forma é possível calcular o incremento diário (taxa de reprodução das culturas – r) a partir da seguinte fórmula:

$$r = \frac{1}{T} \ln (N_t - N_0) \qquad (4.1)$$

Em que:
T: tempo da cultura em dias;
N_0: número inicial de rotíferos e ovos;
N_t: número de rotíferos e ovos no tempo T.

Lembrando que os valores entre as culturas vão variar segundo a temperatura, salinidade e dieta.

De acordo com Hagiwara, Kim e Marcial (2017), os rotíferos podem ser cultivados sob três metodologias diferentes:
♦ Culturas Batch.
♦ Culturas semicontínuas.
♦ Culturas de alta densidade.

Já Oguta (2019) relata que as instalações podem ser tanto *indoor* como *outdoor*.

O sistema de cultivo do tipo Batch foi desenvolvido inicialmente em 1964 e foi sofrendo modificações com o passar dos anos, consistindo na introdução dos rotíferos em baixas densidades no ambiente de cultivo e valendo-se da técnica de "águas verdes" (água oriunda de ambiente já fertilizado com ótima produção de fitoplâncton)

(LUBZENS; ZMORA; BARR, 2001). Após o consumo do fitoplâncton, os rotíferos são coletados, parte da biomassa é destinada à alimentação de larvas e outra para iniciar uma nova cultura (YOSHIMATSU; HOSSAIN, 2014).

Algumas desvantagens do emprego do sistema Batch (DHERT *et al.*, 2001):

♦ As culturas estão sujeitas a condições altamente variáveis, como performance de crescimento e composição bioquímica.

♦ Instabilidade dos parâmetros físico-químicos.

♦ Apresenta pouca eficiência na utilização de espaço e nas atividades.

Os sistemas semicontínuos, ou sistemas de "desbaste" (do termo em inglês, *thinning culture*), são assim conhecidos por conta da coleta periódica de biomassa (DHERT *et al.*, 2001). Os tanques de produção serão maiores do que os destinados ao sistema Batch (HAGIWARA; KIM; MARCIAL, 2017).

As densidades iniciais praticadas nesse sistema variam de 50 a 200 ind. mL^{-1}, e no intervalo de três a sete dias chega a 300-1000 ind. mL^{-1} ou mais (DHERT *et al.*, 2001).

A dinâmica da população é determinada pela retirada regular de um volume fixo da cultura contendo os animais e restos alimentares, sendo que logo em seguida o volume é reposto (HAGIWARA; KIM; MARCIAL, 2017).

As culturas em altas densidades foram criadas por pesquisadores japoneses na década de 1990. Para essa metodologia utilizaram rotífero tipo *S*, dieta à base de *Chlorella* sp. e estocagem final de 20.000 a 35.000 ind. mL^{-1} (HAGIWARA; KIM; MARCIAL, 2017).

Essa metodologia de cultivo tornou-se necessária para atender a uma demanda cada vez mais crescente da aquicultura e reduzir o espaço destinado à produção de alimento vivo nas larviculturas (YOSHIMATSU; HOSSAIN, 2014). As culturas em altas densidades têm uma duração de oito a dez dias, e ao final desse período os animais são todos coletados e os tanques higienizados. Outro ponto importante para as culturas em densidades elevadas é o escalonamento da produção, para que diariamente se tenha sempre um tanque disponível para coleta da biomassa e a produção seja ininterrupta (KAILASAM *et al.*, 2015). Ainda de acordo com os autores, essas culturas possuem uma densidade inicial de estocagem de 300 a 500 ind. mL^{-1} e atingem, ao final do período de cultivo, entre 2.000 e 5.000 ind. mL^{-1}.

Segundo Yoshimatsu e Hossain (2014), os principais entraves que inibem a sua adoção ou limitam a produção em altas densidades são: quebra na oferta e/ou falta de alimento (oferta insuficiente); concentração de oxigênio dissolvido; toxicidade da amônia.

Das culturas em altas densidades chegamos às culturas em ultradensidades (culturas UD). As culturas UD só são possíveis graças aos avanços tecnológicos disponíveis atualmente.

Esse sistema vem sendo adotado em vários lugares, com densidades que podem chegar a 40.000 ind. mL^{-1}, suprimento constante de algas em pasta e, ainda, amônia sendo removida com uso de compostos químicos (KAILASAM *et al.*, 2015).

Segundo Yoshimatsu e Hossain (2014), em uma cultura UD, com sistema de filtros e adição constante de pasta de *Chlorella* sp., foi possível atingir a densidade de 160.000 ind. mL^{-1}. Além de filtros mecânicos, biofiltros também podem ser adotados e manter a produtividade elevada, favorecendo, assim, a redução da manutenção realizada diariamente nas culturas e abrindo espaço para a automatização futura dos sistemas (DHERT *et al.*, 2001).

O desenvolvimento de sistemas com densidades elevadas reduz significantemente a necessidade de espaço, permite o uso de tanques de produção menores, assegura a qualidade da água e garante sanidade das culturas por meio da redução da presença de bactérias e subprodutos bacterianos no ambiente de cultivo (HAGIWARA; KIM; MARCIAL, 2017).

Culturas UD são definitivamente um grande progresso na produção de alimento vivo, entretanto mais estudos devem ser realizados para melhorar e padronizar esse sistema de cultivo (YOSHIMATSU; HOSSAIN, 2014).

Artêmia

Informações gerais

Da mesma forma que os outros organismos que fazem parte da classe Branchiopoda, os Anostraca ocorrem na maioria dos ambientes aquáticos, ocupando uma posição central entre as comunidades planctônicas. Como herbívoros são controladores das populações de microalgas e bactérias e, como presas, são considerados um dos alimentos mais importantes, tanto para vertebrados como para invertebrados (CÁ-CERES; ROGERS, 2015).

Na aquicultura, são bem aceitos como fonte de alimento vivo, seja pela sua composição bioquímica, pela carapaça extremamente fina, pela movimentação que apresentam ou, simplesmente, pela combinação de todos esses fatores (ROYAN, 2015).

Cáceres e Rogers (2015) destacam que os organismos da ordem Anostraca podem possuir 10, 11, 17 ou 19 pares de patas torácicas ao longo de um corpo delicado, esguio e transparente. Ainda segundo os autores, no geral, as espécies vão apresentar de 1 a 5 cm de comprimento, sendo que algumas podem ter menos do que isso, como *Dendrocephalus alachua*, com 6 mm, e outras um pouco mais, como *Branchinecta raptor*, com 18 cm.

O destaque da ordem Anostraca, para a aquicultura, são os animais do gênero *Artemia*, popularmente conhecidos como camarão de salina (do termo em inglês, *brine shrimp*) ou artêmia, como é mais comumente chamado no Brasil.

A identificação das espécies é controversa em virtude da baixa diferenciação morfológica entre elas; na aquicultura é comum a designação a partir do gênero *Artemia* spp. A classificação da *Artemia salina*, por exemplo, é uma das que mais causam confusão ao redor do mundo. Vários autores nomeiam outras espécies como sendo *A. salina*, porém deveria se limitar a uma única espécie, bissexuada, encontrada no Mediterrâneo (CONCEIÇÃO *et al.*, 2010; DHONT *et al.*, 2013).

Os locais de coleta mais populares no mundo são o *Great Salt Lake*, em Utah (cistos GSL), a Baía de São Francisco (cistos SFB) e o *Mono Lake*, na Califórnia, todos nos Estados Unidos. Aliás é dos Estados Unidos que sai a maioria dos produtos à base de artêmia para atender à demanda mundial (ROYAN, 2015).

A espécie de artêmia endêmica das Américas (Norte, Central e Sul) é a *Artemia franciscana*, sendo a população encontrada no *Mono Lake* (Estados Unidos) designada como *Artemia franciscana monica* (DHONT *et al.*, 2013) ou *Artemia monica* (CONCEIÇÃO *et al.*, 2010).

A distribuição das artêmias é muito descontinuada, visto que nem todos os ambientes altamente salinizados serão povoados por esses organismos (VAN STAPPEN, 1996). As populações naturais de artêmia são encontradas em lagos e lagoas com águas salgadas e em salinas, ambientes artificiais utilizados para extração de sal muito parecidos com os viveiros de pisciculturas, e os alagados para plantação de arroz, só que mais rasos. Nas salinas, é bem comum as artêmias estarem na presença de salinidades superiores a 90 (ROYAN, 2015).

Segundo Van Stappen (1996), a busca por ambientes hipersalinos é uma das alternativas que as artêmias adotaram ao longo da evolução para evitar a predação e a competição com outros organismos filtradores. Dessa forma, desenvolveram adaptações para sobreviver nesses tipos de ambientes altamente salinos:

♦ Sistema osmorregulatório muito eficiente.

♦ Capacidade de sintetizar pigmentos respiratórios de maneira bem eficaz, para suportar os baixos níveis de oxigênio observados em ambientes com elevada salinidade.

♦ Capacidade de produzir cistos quando as condições ambientais forem desfavoráveis aos animais. Assim, ela pode habitar ambientes onde os predadores não seriam capazes de sobreviver.

São organismos que não podem parar de se locomover nunca; necessitam estar se movimentando para que permaneçam respirando e, dessa forma, também se alimentam continuamente por meio da filtração de partículas (VEERAMANI *et al.*, 2019). Ainda segundo os autores, as artêmias são filtradores não-seletivos que se alimentam de microalgas, bactérias, matéria orgânica detrital, fermento biológico e vários outros itens orgânicos que sejam capazes de reter.

De acordo com Criel e Macrae (2002), as artêmias são artrópodes primitivos, com o corpo segmentado. Anexado a ele têm-se apêndices semelhantes a folhas chamados de toracópodes. Os machos adultos vão medir de 8 a 10 mm, e as fêmeas entre 10 e 12 mm, e para ambos os sexos a largura corporal vai ser de aproximadamente 4 mm.

O corpo é recoberto com um exoesqueleto fino e flexível, feito de quitina, com os músculos aderidos na parte interna. Periodicamente é realizada a troca do exoesqueleto (muda). Nas fêmeas este procedimento deve ser realizado antes da ovulação; nos machos, não há qualquer relação entre a muda e a reprodução (CRIEL; MACRAE, 2002; DHONT; VAN STAPPEN, 2003; SOUTHGATE, 2019).

O corpo das artêmias é dividido em cabeça, tórax e abdômen. Na cabeça vamos encontrar um par de olhos compostos e dois pares de antenas, sendo que o primeiro par é menor que o segundo, ambos sem função natatória (CÁCERES; ROGERS, 2015). As artêmias vão possuir três olhos: um olho simples se desenvolve nos estágios larvais e dois olhos adicionais se desenvolvem com o animal chegando à idade adulta (VEERAMANI *et al.*, 2019).

Figura 4.12 Indivíduo pré-adulto de branchoneta, *Dendrocephalus brasiliensis* Pesta, 1921. Detalhe para a presença dos três olhos: olho naupliar e os dois olhos laterais característicos dos adultos. *Fonte*: Autor.

As antenas apresentam características morfológicas diferentes entre machos e fêmeas, e podem ser utilizadas para diferenciação sexual a partir do décimo estágio de instar, em que nos machos se desenvolvem ganchos utilizados para agarrar as fêmeas durante a cópula e nas fêmeas as antenas degeneram-se e tornam-se apenas órgãos sensoriais (VAN STAPPEN, 1996). Outra forma de diferenciar os sexos nas artêmias adultas é por meio da observação da formação de uma bolsa de incubação nas fêmeas, situada no 11° segmento atrás dos toracópodes (DHONT; VAN STAPPEN, 2003). O tórax é formado por 11 segmentos, cada um deles vai possuir um par de patas nadantes. A região abdominal vai ser formada por oito segmentos, sendo os dois primeiros (ou anteriores) conhecidos como segmentos genitais. No último segmento abdominal vão estar localizados os cercópodes ou télson (CRIEL; MACRAE, 2002; DHONT *et al.*, 2013).

O gênero *Artemia* é composto por espécies que apresentam reprodução sexuada e outras que apresentarão reprodução assexuada (DHONT *et al.*, 2013). As artêmias podem ser ainda ovíparas e ovovivíparas (VEERAMANI *et al.*, 2019). Em condições ideais, as fêmeas vão produzir aproximadamente 300 náuplios a cada quatro dias. Os náuplios eclodirão de ovos, ainda dentro das fêmeas, em uma reprodução ovovivípara (SOUTHGATE, 2019).

Figura 4.13   Exemplares adultos de branchoneta, *Dendrocephalus brasiliensis* Pesta, 1921. Na imagem superior, temos uma fêmea, e as setas apontam para as características que a diferem do macho (imagem inferior). A cabeça da fêmea é menos ornamentada e ela possui uma bolsa para incubação de ovos, que no caso da imagem ainda estava vazia. *Fonte*: Autor.

Como já mencionado nesta parte do capítulo, uma das mais interessantes características das artêmias é a capacidade de gerar uma forma dormente ou de resistência, em formato de cistos. Nessa condição, os embriões entram em um estágio de hibernação ou diapausa (CONCEIÇÃO *et al.*, 2010; DHONT *et al.*, 2013). As fêmeas podem alternar entre os modos ovíparos e ovovivíparos. Os principais requisitos para a produção de cistos são condições ambientais desfavoráveis e baixa oferta de alimento (DHONT *et al.*, 2013). Os cistos são flutuantes, permanecem na superfície da água e são carregados pelas correntes, ventos e ondas até as margens dos corpos hídricos (DHONT; VAN STAPPEN, 2003).

Desde que sejam mantidos secos, os cistos permanecerão inativos, mas os embriões ainda permanecem viáveis e podem ser estocados por anos. A casca, ou córion, do cisto é bicôncava, mas após um período de hidratação os cistos tornam-se esféricos. Dhont e Van Stappen (2003) ressaltam que em água do mar (salinidade 35), após uma ou duas horas de hidratação, os cistos já se tornam esféricos. No interior do cisto, o embrião retoma o seu metabolismo e, decorrido um tempo de incubação de aproximadamente 24 horas, os embriões eclodem, ainda presos por uma membrana ao córion. Essa fase é conhecida como "guarda-chuva" (do termo em inglês, *umbrella stage*) (DHONT; VAN STAPPEN, 2003; ROYAN, 2015).

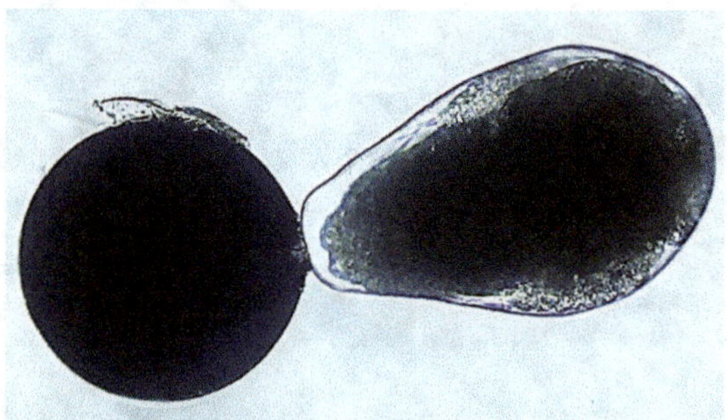

Figura 4.14 Náuplio de artêmia recém-eclodido, ainda aderido à casca por uma fina membrana. Esta fase é conhecida como fase "guarda-chuva" ou "*umbrella*". *Fonte*: Autor.

Com os cistos permanecendo desidratados, os embriões são capazes de suportar temperaturas extremas sem afetar a capacidade de eclosão, porém, após a hidratação, essa capacidade diminui (DHONT; VAN STAPPEN, 2003). Ainda de acordo com os autores, a ativação do metabolismo dos embriões ocorre desde 4°C até 33°C, entretanto as temperaturas mais altas aceleram a eclosão.

O primeiro estágio de desenvolvimento larval (instar I) tem comprimento médio de 400 a 500 μm e uma coloração marrom-alaranjado. Possui apenas um olho e três conjuntos de apêndices, com funções sensoriais, locomotoras e de alimentação, entretanto, enquanto estiver no instar I, o náuplio é incapaz de se alimentar externamente, nutrindo-se apenas do saco vitelínico, uma vez que seu trato digestivo ainda se encontra em desenvolvimento. Após aproximadamente oito horas, realiza a muda, e no instar II (metanáuplio) é capaz de se alimentar de pequenas partículas como as microalgas, já que vai possuir um intestino funcional (VAN STAPPEN, 1996; CONCEIÇÃO *et al.*, 2010; SOUTHGATE, 2019).

De acordo com Conceição *et al.* (2010), é na fase de metanáuplio que pode ser iniciado um dos procedimentos mais importantes para a aquicultura, a bioencapsulação. Trata-se do enriquecimento do organismo forrageiro com compostos de interesse, quer sejam vitaminas, nutrientes ou agentes terapêuticos. Após 15 mudas, no decorrer de 8 a 14 dias, então se têm artêmias adultas e sexualmente aptas (SOUTHGATE, 2019).

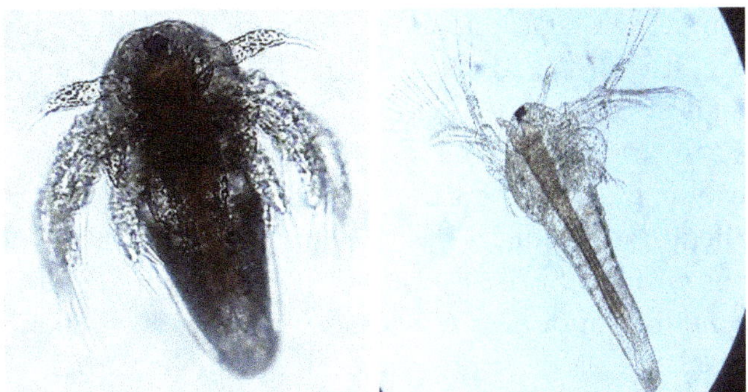

Figura 4.15 Náuplios de artêmia. À esquerda tem-se a larva após a fase de *"umbrella"*, com uma grande reserva vitelínica no centro do organismo e os apêndices ainda em desenvolvimento. Já na imagem da direita tem-se o metanáuplio; o animal e seus apêndices já estão mais desenvolvidos. Destaque também para o olho naupliar no centro da região da cabeça. *Fonte*: Autor.

Cultivo

As artêmias são conhecidas há séculos, mas o seu uso como alimento vivo para larvas de organismos cultiváveis, aparentemente, só começou na primeira metade do século XX (VAN STAPPEN, 1996). Em meados da década de 1930, alguns pesquisadores começaram a adotar as artêmias como alimento vivo para larvas de peixes; e, na década de 1950, os cistos de artêmia eram vendidos em *petshops* e lojas de aquariofilia (DHONT; VAN STAPPEN, 2003).

A popularidade no uso de artêmia surge da conveniência de comercialização de sua forma inerte: os cistos (DHONT *et al.*, 2013). Isso é interessantíssimo do ponto de vista da logística, uma vez que, se bem embalado e acondicionado, pode resistir por anos, facilitando o transporte e o armazenamento.

De acordo com Royan (2015), com a expansão da aquicultura mundial na década de 1960, criou-se uma oportunidade de venda dos cistos, mas o salto na demanda ocorreu em meados da década de 1970, levando ao declínio da coleta no GSL e à elevação de preço, que era praticado a valores inferiores a 10 dólares/quilo, até então, para algo em torno de 50 a 100 dólares/quilo. Esse aumento fez com que houvesse uma busca local por cistos, assim, atualmente, existem mais de 600 outros sítios de extração ou de produção de artêmias, como no Irã, Argélia, Egito, Quênia, Nigéria, Índia, China, Tailândia, Sri Lanka, Filipinas, Indonésia e Brasil (ROYAN, 2015).

As artêmias são o principal componente da dieta de organismos marinhos cultivados (ZMORA; SHIPIGEL, 2006). Segundo Royan (2015), mais de 85% das espécies cultiváveis de animais marinhos são mantidas com artêmia, seja na forma de fonte única de alimento ou na composição de dieta com outros itens alimentares.

Na aquicultura mundial, especialmente a ornamental, há preferência pelos cistos GSL ou SFB. Os cistos GSL são, dentre os utilizados, os que apresentam melhor taxa de eclosão, superior a 90%, maior tamanho naupliar e altos níveis de ácidos graxos altamente insaturados (HUFAs), especialmente 18:3n-3 (ácido linolênico), 20:5n-3 (ácido eicosapentaenóico – EPA) e 22:6n-3 (ácido docosaexaenóico – DHA) (ROYAN, 2015).

Para a realização dos cultivos de artêmia, visando, dentre outras finalidades, à produção de biomassa adulta (do termo em inglês, *on-grown artemia*), deve-se observar algumas questões de locação, entretanto a maioria é muito similar a outras culturas de organismos aquáticos, principalmente as espécies marinhas (VEERAMANI, 2019).

Royan (2015) listou os pré-requisitos para a produção de artêmia:

♦ Localização: próximo a fontes de águas salinas ou próximo ao mar.

♦ Região ou clima: tropical ou subtropical, regiões com baixa incidência de chuvas.

♦ Salinidade: ambiente hiper-halino (> 40 ppt ou $g.L^{-1}$).

♦ Temperatura: entre 25 e 30 °C, sendo que o limite máximo de tolerância é de 35°C.

♦ pH: entre 7 e 8.

♦ Alimentação: são filtradores não seletivos, logo sua dieta pode ser composta de microalgas e matéria orgânica.

♦ Profundidade: acima de 50 cm, menos do que isso a água irá aquecer demais, o que provocará a morte dos organismos.

♦ Predação: a artêmia não possui mecanismos de defesa contra predadores, assim é necessário que o produtor garanta a proteção.

♦ Cepa: preferencialmente cepas/cistos de alta qualidade (GSL ou SFB).

♦ Período de cultivo: imediatamente após o período de fortes chuvas até o final do período de estiagem.

Já que as salinidades altas são um pré-requisito para o desenvolvimento natural das artêmias, outros parâmetros ambientais, como temperatura e produtividade primária, vão ser os controladores do crescimento populacional, podendo eventualmente provocar ausência de espécies (VAN STAPPEN, 1996).

Diferentemente de outros crustáceos, as artêmias podem ser mantidas em culturas com elevadas densidades sem afetar a sobrevivência. De acordo com a técnica de cultivo aplicada, é possível realizar a inoculação de 5.000 larvas por litro nas culturas tipo *batch*, 10.000 em sistemas de fluxo contínuo (*flow-through*) ou 18.000 em sistemas de fluxo aberto (do termo em inglês *open flow-through*) (DHONT; VAN STAPPEN, 2003).

Segundo Southgate (2019), para iniciar a alimentação das artêmias em cultivos, podem ser utilizadas microalgas nas densidades de 5.10^5 a 1.10^6 cels.mL^{-1}, realizando ajustes na quantidade à medida que os organismos crescem.

As culturas podem ser realizadas em tanques e viveiros, com ou sem *liner* (geomembrana). São ambientes rasos com profundidade de até 50 cm, entre os ciclos de produção. Os mesmos procedimentos de higienização realizados em outras culturas devem ser aplicados, como, por exemplo, exposição do solo ao sol (VEERAMANI *et al.*, 2019). Podem ser adotados sistemas de cultivo intensivos, executados em tanques *indoor*, e sistemas semi-intensivos e extensivos, feitos em viveiros *outdoor*, especialmente em salinas (ROYAN, 2015).

Em salinas, a produção de artêmias permite o controle das florações algais (por meio dos seus metabólitos, promovem uma série de reações químicas que impedem a precipitação do sal e a perda da qualidade), e os metabólitos e indivíduos mortos servem de nutrientes para as halobactérias. Essas bactérias halofílicas reduzem a concentração de compostos orgânicos e permitem maior absorção de calor, o que acelera a evaporação (DHONT; SORGELOOS, 2002). Ainda segundo os autores, o manejo adequado da população de artêmias em uma salina vai levar não somente a melhorias na quantidade e qualidade do sal produzido, como vai prover a oportunidade de coletar subprodutos na forma de cistos e biomassa de artêmia.

Segundo Dhont e Van Stappen (2003) e Lavens e Sorgeloos (1991), a produção de artêmias em tanques intensivos vai apresentar um custo de produção mais elevado do que em viveiros e salinas, entretanto, dependendo das condições locais, a aplicação dessa metodologia será viável, pois:

◆ não vai depender de clima ou sazonalidade para produção;
◆ serão produzidas artêmias em diferentes estágios, e de acordo com o organismo a ser alimentado pode-se proceder com uma coleta seletiva;
◆ a qualidade nutricional da artêmia pode ser mais facilmente controlada;
◆ não há restrição na produção quanto ao local de produção e tempo, já que independe de água com salinidade elevada e sazonalidade;
◆ permite produção elevada, pelas altas densidade praticadas (algumas centenas de organismos por litro).

Segundo Southgate (2019), os tanques de cultivo devem ser limpos com regularidade visando à remoção de detritos e restos metabólicos dos animais, a fim de se preservar a boa qualidade da água. Assim como em outros organismos aquáticos cultiváveis, deve-se observar principalmente a concentração de compostos nitrogenados e suas toxicidades. Para as artêmias é necessário verificar sempre a quantidade de sólidos em suspensão, pois estes podem interferir na capacidade de locomoção, captação de alimento e proliferação de bactérias (DHONT; VAN STAPPEN, 2003).

Em sistemas intensivos de produção de artêmias, deve-se observar os seguintes critérios para alimentação (LAVENS; SORGELOOS, 1991):

◆ Disponibilidade e custo do alimento.
◆ Tamanho e composição da partícula.
◆ Digestibilidade.
◆ Consistência do alimento sob diferentes formas de estocagem.
◆ Solubilidade.
◆ Fator de conversão alimentar.
◆ Flutuabilidade.

Ainda segundo os mesmos autores, várias espécies de microalgas são utilizadas como alimento das artêmias, porém algumas vão apresentar características que inviabilizam seu uso, como, por exemplo:

◆ indigestível, por conta da parede celular rígida;
◆ produção de substância gelatinosa, que dificulta o mecanismo de ingestão;
◆ secreção de compostos tóxicos.

Descapsulação

Ao se fornecerem as condições ambientais adequadas, o metabolismo e desenvolvimento dos embriões encistados são rapidamente reiniciados (DHONT; VAN STAPPEN, 2003). Segundo Southgate (2019), as condições ideais para a eclosão de cistos de artêmia em tanques em formato cônico são:

- ◆ Salinidade: segundo Van Stappen (1996), a eclosão dos cistos vai ocorrer em salinidades entre 15 e 35, mas Southgate (2019) ressalta que, na salinidade da água do mar, a taxa de eclosão é bem superior que em salinidades baixas.
- ◆ Temperatura: entre 25 e 30°C.
- ◆ Movimentação da água e oxigenação: a intensa movimentação da água é mantida por meio do fornecimento de aeração e concentração de oxigênio acima de 2 $mg.L^{-1}$, ou próximo à saturação.
- ◆ pH: entre 8 e 9.
- ◆ Densidade para incubação: de 5 $g.L^{-1}$ de cistos.
- ◆ Iluminação constante direcionada à superfície (2.000 lux) (VAN STAPPEN, 1996).

Essas condições serão suficientes para ativar o metabolismo dos embriões no interior dos cistos (CONCEIÇÃO *et al.*, 2010). Após 24 horas, a grande maioria dos cistos terá eclodido (SOUTHGATE, 2019). Os náuplios são então separados das cascas vazias, dos cistos não eclodidos e dos náuplios mortos através do comportamento de fototaxia positiva (CONCEIÇÃO *et al.*, 2010).

A casca dos cistos de artêmia é constituída de três camadas (VAN STAPPEN, 1996):

1. Camada alveolar: uma camada mais rígida constituída de lipoproteínas impregnadas com quitina e hematina. Vai ser a hematina, inclusive, que determinará a cor da casca, desde um marrom pálido a bem escuro. Esta camada será responsável pela proteção, evitando a ruptura e a radiação UV. É a camada-alvo da técnica de descapsulação.
2. Membrana cuticular externa: estrutura multicamadas, atua como uma barreira permeável, com função filtradora, impedindo a entrada de moléculas muito grandes.
3. Cutícula embrionária: uma camada transparente, e altamente elástica, é separada do embrião pela membrana cuticular interna.

A descapsulação é o processo de remoção da camada mais externa do cisto (córion). Após realizada uma hidratação, os cistos são submetidos a uma solução de hipoclorito, que dissolve o córion sem danificar o embrião (SOUTHGATE, 2019).

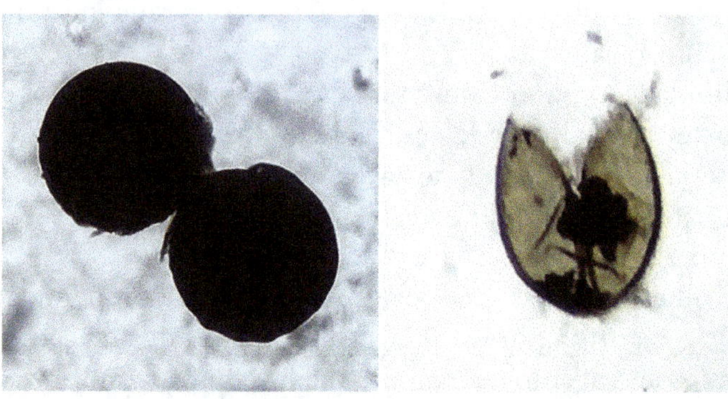

Figura 4.16 À esquerda, cistos hidratados de artêmia; à direita, cascas pós-eclosão. *Fonte*: Autor.

Este procedimento envolve (BENGSTON; LÉGER; SORGELOOS, 1991; VAN STAPPEN, 1996; SOUTHGATE, 2019):

♦ Hidratação: os cistos secos são reidratados por 1 hora a 25°C em água doce, assim os cistos passam de um formato similar a bolas de pingue-pongue amassadas para esféricas. Nesta forma é facilitada a completa remoção do córion, na presença de aeração. Para garantir a movimentação da água e homogeneidade, é colocado 1 g de cisto para cada 30 mL de água.

♦ Solução de hipoclorito: decorrido o tempo de hidratação, os cistos são coletados com uma rede de 125 μm e transferidos para um recipiente com a solução de hipoclorito.

A solução pode ser preparada de duas formas – a partir de água sanitária (NaOCl – hipoclorito de sódio, com ingrediente ativo de 11% a 13%) ou pelo uso de hipoclorito de cálcio em pó ($Ca(OCl)_2$, ingrediente ativo de 70%) – de acordo com as seguintes proporções: para cada grama de cisto se usa 0,5 g do produto ativo do hipoclorito (verificar o rótulo do produto ou realizar a titulação) ou de 20 a 30 mL da solução de hipoclorito de sódio para cada 1 g de cisto. O pH deve permanecer próximo a 10, e para isso é preciso adicionar 0,15 g de NaOH (hidróxido de sódio).

Os cistos devem permanecer na solução, em constante movimentação, sob aeração ou por agitação com bastão de vidro, por um período de 5 a 15 minutos, ou até que se verifique a mudança de coloração dos cistos de marrom-escuro para alaranjado (na presença de NaOCl) ou acinzentado (na presença de Ca(OCl)$_2$), caracterizando a remoção do córion.

Os autores reforçam ainda a necessidade de monitorar a temperatura no decorrer do procedimento, pois se trata de uma reação exotérmica e, caso a temperatura exceda 40°C (letal para os embriões), é preciso resfriar a solução (adição de gelo pode auxiliar).

No procedimento de lavagem, logo após verificada a descapsulação, é preciso retirar os cistos, com o auxílio de uma rede de 125 μm, e proceder imediatamente com a lavagem em água corrente. A dica aqui é observar o desaparecimento do odor característico do hipoclorito.

Deve-se ter cuidado com a manipulação e execução do procedimento de descapsulação, evitando-se a exposição prolongada à solução de hipoclorito, bem como com o procedimento de neutralização após a lavagem (caso tenham restado resíduos de hipoclorito), com ácido clorídrico ou acético a 0,1 N, por um tempo inferior a 1 minuto, seguido de lavagem em água corrente. Estes podem afetar o embrião no interior do cisto, provocar a morte e, assim, resultar em baixa eclosão (CONCEIÇÃO *et al.*, 2010).

Após a descapsulação, os cistos podem ser utilizados de três formas distintas (VAN STAPPEN, 1996):
- administração direta como alimento de larvas cultivadas;
- direcionados para eclosão de náuplios;
- desidratados para uso posterior.

Van Stappen (1996) salienta que, para uma nova desidratação, os cistos devem ser dispostos em um recipiente contendo água salinizada e próxima à saturação, com a aeração para garantir a homogeneidade do processo, com duração de 12 horas.

Para Lim, Dhert e Sorgeloos (2003), os cistos descapsulados de artêmias apresentam um excelente potencial para alimentação de espécies ornamentais, principalmente aquelas incapazes de se alimentar do náuplio, dado o tamanho reduzido de aproximadamente 200 μm. Já Van Stappen (1996) destaca as vantagens no uso dos cistos descapsulados:

◆ As cascas não são introduzidas em tanques de cultivo das larvas das espécies-alvo. Já as cascas ou cistos não eclodidos apresentam efeitos deletérios no ambiente de cultivo ao serem ingeridos pelas larvas, como: não serem digeridos ou provocarem a obstrução do trato digestivo.

◆ Os náuplios eclodidos de cistos descapsulados possuem mais conteúdo energético e maior peso individual, pois gastaram menos energia para romper a casca.

◆ Descapsulação promove a desinfecção dos cistos.

◆ Cistos descapsulados podem ser utilizados como alimento e requerem baixa luminosidade para eclosão.

A desvantagem no uso é a necessidade de movimentação constante da água, pois os cistos descapsulados não se movem e não boiam, logo algumas larvas de peixes não conseguem se alimentar em quantidade satisfatória pelo fato de ocorrer precipitação. Já na larvicultura de camarões, como a aeração é mais intensa, as larvas podem manipular o alimento e são bentônicas, os cistos são mais viáveis (BENGSTON; LÉGER; SORGELOOS, 1991).

Enriquecimento ou bioencapsulação

O enriquecimento ou bioencapsulação é um procedimento que ocorre tanto em artêmia como em rotíferos ou quaisquer outros organismos forrageiros que necessitem incrementar ou aumentar o conteúdo nutricional antes de ser ofertado como alimento vivo.

Logo se percebeu que o valor nutricional de artêmias e rotíferos não era o ideal para todas as espécies de larvas, daí então começaram a ser desenvolvidas técnicas para melhorar e manipular a composição das artêmias. Originalmente, o foco foi no conteúdo vitamínico e no perfil de ácidos graxos (DHONT *et al.*, 2013). A manipulação da composição bioquímica das artêmias é possível graças às suas características primitivas de alimentação (MERCHIE, 1996).

Dada a origem geográfica das artêmias, estas vão apresentar diferentes deficiências no conteúdo de ácidos graxos essenciais (EFA, do termo em inglês, *essential fatty acids*). Essas deficiências é que vão prejudicar o desenvolvimento das larvas que serão alimentadas com as artêmias (SOUTHGATE, 2019).

A fim de superar as deficiências nutricionais, algumas técnicas de enriquecimento utilizadas foram desde o uso de macro e micronutrientes até o emprego de microalgas, óleos, concentrados autoemulsificantes, produtos microencapsulados e microparticulados, envolvendo, também, técnicas para reduzir ou alterar a comunidade microbiana e incorporar agentes terapêuticos como vacinas, compostos medicinais, imunoestimulantes, dentre outros (DHONT *et al.*, 2013; SOUTHGATE, 2019). A partir do instar II (por volta de oito horas após a eclosão), já pode ser realizada a bioencapsulação, incrementando o valor nutricional dos náuplios de artêmia (MERCHIE, 1996).

O grau de incorporação dos compostos enriquecedores vai depender de vários fatores (SOUTHGATE, 2019):

- ◆ duração do procedimento;
- ◆ densidade de organismos adotada, no caso densidade de artêmias;
- ◆ características dos produtos ofertados, como conteúdo e densidade de EFA no material.

Realizado o enriquecimento, esses organismos devem ser direcionados o quanto antes para os tanques de cultivo das espécies-alvo para servirem de alimento, pois, à medida que o tempo passa, o próprio metabolismo da artêmia vai consumir os produtos do enriquecimento, perdendo seu valor nutricional.

O processo de enriquecimento vai favorecer também o aumento da energia digestível, assim como de outros compostos de interesse, como proteínas, fosfolipídios e vitaminas. Podendo ainda ser veiculados, via bioencapsulação, compostos terapêuticos, pigmentos, antioxidantes e enzimas para as larvas (SOUTHGATE, 2019).

Conceição *et al.* (2010) destacam que, para a realização de um enriquecimento, é utilizada água do mar filtrada e temperatura ambiente de 28°C por 24 horas, entretanto, dependendo do produto usado, para realizar o procedimento é necessário reduzir a temperatura para 24°C por 16 a 20 horas. A vantagem desse procedimento é a redução do metabolismo e do catabolismo de compostos pela artêmia.

Nem tudo é tão perfeito. Southgate (2019) explica que, após o procedimento de bioencapsulação, o produto deve ser lavado para remoção do excesso de compostos enriquecedores, pois estes podem favorecer o desenvolvimento de bactérias no ambiente de cultivo das larvas e prejudicar os seus desenvolvimentos.

Já Merchie (1996) salienta que existem diferentes técnicas de bioencapsulação, cujas características principais dependem da capacidade de cada laboratório e dos produtos utilizados.

Branconetas

No Brasil, a espécie mais estudada é a *Dendrocephalus brasiliensis* Pesta, 1921. São popularmente chamadas de branchonetas ou artêmias de água doce, e internacionalmente conhecidas como *fairy shrimp*. É um Branchiopoda de água doce, muito comum em diferentes estados do país (FREITA *et al.*, 2017).

Na Estação de Piscicultura de Paulo Afonso (EPPA/CHESF) é realizado o estudo das características reprodutivas da espécie, destacando-se sua importância como organismo forrageiro de espécies carnívoras (LOPES *et al.*, 2007). Possuem um corpo cilíndrico que pode atingir 30 mm de comprimento, quando adultas (MAI *et al.*, 2008). Ainda segundo os autores, podem ocorrer desde na Argentina até a região Nordeste do Brasil, habitando áreas alagadas em períodos chuvosos.

Entre os crustáceos, são organismos que se destacam por ocorrer em ambientes diversos e suportar condições extremas (FREITA *et al.*, 2017). Vão compartilhar várias características morfológicas e comportamentais com as artêmias, já que pertencem à mesma ordem Anostraca.

Segundo Lopes *et al.* (2007), na espécie *D. brasiliensis* foi observada somente a reprodução por meio da produção de cistos, seja em condições ideais ou desfavoráveis. Apresentam dimorfismo sexual, semelhante às artêmias, com o macho quando adulto possuindo ganchos na região da cabeça e a fêmea possuindo uma bolsa para incubação de ovos (CÁCERES; ROGERS, 2015).

De acordo com Barros-Alves *et al.* (2016), *D. brasiliensis* é uma espécie com grande potencial para a aquicultura e, consequentemente, para ampliar a distribuição da espécie para outras regiões.

É na piscicultura ornamental que se observa o seu principal nicho de mercado. Em sites especializados em vendas *online* é possível encontrar a oferta de cistos, receitas e manuais de produção de branchonetas.

A técnica mais difundida para cultivo é a de cultura em águas verdes. Inclusive, alguns vendedores *online* fornecem um kit, que, além dos cistos, contém fertilizantes em pó, para promover florações algais e alimentar as branchonetas.

Referências

AL-YAMANI, F. Y. *et al.* **Marine Zooplankton Practical Guide for the Northwestern Arabian Gulf: Volume 1**. Kuwait Institute for Scientific Research, 2011, 208 p.

AJIBOYE, O. O. *et al.* A review of the use of copepods in marine fish larviculture. **Reviews in Fish Biology and Fisheries**, v. 21, p. 225-246, 2011.

BARROS-ALVES, S. P. *et al.* Morphological review of the freshwater fairy shrimp *Dendrocephalus brasiliensis* Pesta, 1921 (Anostraca: Thamnocephalidae). **Nauplius**, v. 24, p. 1-10, 2016.

BENFIELD, M. C. Estuarine Zooplankton. *In*: DAY JR, J. W.; CRUMP, B. C.; KEMP, W. M.; YÁÑEZ-ARANCIBIA, A (Ed.). **Estuarine Ecology**. Wiley-Blackwell, 2013. p. 1-18.

BENGSTON, D. A.; LÉGER, P.; SORGELOOS, P. Use of Artemia as a food source for aquaculture. *In*: BROWNE, R. A.; SORGELOOS, P.; TROTMAN, C.N. A. *Artemia* **Biology**. CRC Press, 1991. 374 p.

BYRNE, R.; MACKENZIE, F. T.; DUXBURY, A. C. Seawater. **Encyclopedia Britannica**, 2020, Disponível em: https://www.britannica.com/science/seawater. Acesso em: 15 abr. 2021.

BURKS, R. L. *et al.* Diel horizontal Migration of Zooplankton: Cost and Benefits of inhabiting the littoral. **Freswater Biology**, v. 47, p. 343-365, 2002.

CÁCERES, C. E.; ROGERS, D. C. Class Branchiopoda. *In:* THORP, J. H; ROGERS, D. C (Orgs.). **Ecology and General Biology: Thorp and Covich's Freshwater Invertebrates**. 4 ed. Elsevier, 2015. 1148 p.

CONCEIÇÃO, L. E. C. *et al.* Live feeds for Early stages of fish rearing. **Aquaculture Research**, v. 41, p. 613-640, 2010.

CRIEL, G. R. J.; MACRAE, T. II. *Artemia* Morphology and Structure. *In*: ABATZOPOULOS, T. H. J. *et al.* *Artemia*: **Basic and Applied Biology**. Springer Science, 2002. 286 p.

DANG, P. D. *et al.* **Identification Handbook of Freshwater Zooplankton of the Mekong River and its Tributaries**. Mekong River Commission, 2015. 207 p.

DELBARE, D.; DHERT, P.; LAVENS, P. Zooplankton. *In*: LAVENS, P; SORGELOOS, P. **Manual on the production and use of live food for aquaculture**. FAO Fisheries Technical Paper, n° 361, 1996. 295 p.

DEMOTT, W. R. The Role of Competition in Zooplankton Sucession. *In*: SOMMER, U. **Plankton Ecology: Sucession in Plankton Communities**. Springer-Verlag, 1989. p. 297-336.

DHERT, P. Rotifers. *In*: LAVENS, P; SORGELOOS, P. **Manual on the production and use of live food for aquaculture**. FAO Fisheries Technical Paper, n° 361, 1996. 295 p.

DHERT, P. *et al.* Advancement of rotifer culture and manipulation techniques in Europe. **Aquaculture**, v. 200, p. 129-146, 2001.

DHONT, J.; SORGELOOS, P. Applications of *Artemia*. *In*: ABATZOPOULOS, T. H. J. *et al.* *Artemia*: **Basic and Applied Biology**. Springer Science, 2002. 286 p.

DHONT, J.; VAN STAPPEN, G. Biology, Tank Production and Nutritional Value of *Artemia*. *In*: STØTTRUP, J. G.; MCEVOY, L. A. **Live Feeds in Marine Aquaculture**. Blackwell Science, 2003. 318 p.

DHONT, J. *et al.* Rotifers, *Artemia* and copepods as live feeds for fish larvae in aquaculture. In: ALLAN, G.; BURNELL, G. **Advances in aquaculture hatchery technology**. Woodhead Publishing, 2013,

DODDS, W. K.; WHILES, M. R. **Freshwater Ecology, Concepts and Enviromental Applications of Limnology**. Academic Press, 2010. 840 p.

DRILLET, G. *et al.* Biochemical and technical observations supporting the use of copepods as live feed organisms in marine larviculture. **Aquaculture Research**, n. 37, p. 756-772, 2006.

ESTEVES, F. de A. **Fundamentos da Limnologia**. Interciência, 3 ed. 2011. 826 p.

FERRÃO-FILHO, A. S.; ARCIFA, M. S.; FILETO, C. Influence of Seston Quantity and Quality on Growth of Tropical Cladocerans. **Brazilian Journal of Biology**, v. 65, n. 1, p. 77-89, 2005.

FREITA, F. R. V. *et al.* Occurence of Dendrocephalus brasiliensis Pesta, 1921 (Crustacea, Anostraca) in the Carás river, southern Ceará, Brazil. **Anais da Academia Brasileira de Ciências**, v. 89, n. 2, p. 1047-1049, 2017.

GOGOI, B.; SAFI, V.; DAS, D. N. The Cladoceran as live feed in fish culture: a brief review. **Research Journal of Animal, Veterinary and Fisheries Sciences**, v. 4, n. 3, p. 7-12, 2016.

HAVEL, J. E. Cladocera. *In*: LIKENS, G. E. (Ed.), **Plankton of Inland Waters: A Derivative of Encyclopedia of Inland Waters**. 1 ed. Academic Press, 2009. 411 p.

HAGIWARA, A.; KIM, H. J.; MARCIAL, H. Mass culture and preservation of *Brachionus plicatilis* sp. Complex. *In*: HAGIWARA, A.; YOSHINAGA, T. (Eds.). **Rotifers: Aquaculture, Ecology, Gerontology, and Ecotoxicology**. Springer Singapore, 1st ed. 2017. 180 p.

HARRIS, R. Copepods. *In*: LIKENS, G. E. (Ed.). **Plankton of Inland Waters: A Derivative of Encyclopedia of Inland Waters**. 1 ed. Academic Press, 2009. 411 p.

KAILASAM, M. *et al.* Recent advances in rotifer culture and its application for larviculture of finfishes. In: PERUMAL, S.; THIRUNAVUKKARASU, A. R.; PACHIAPPAN, P. **Advances in Marine and Brackishwater Aquaculture**. Springer India, 2015. p. 17-24.

KLIMPEL, S. *et al.* **Parasites of Marine Fish and Cephalopods**. Springer Nature, 2019. 169 p.

KOBAYASHI, T. *et al.* Freshwater zooplankton: diversity and biology. *In*: SUTHERS, I. M.; RISSIK, D. **Plankton, A guide to their ecology and monitoring for water quality**. CSIRO Publishing, 2009. p. 157-179.

LAFORSCH, C.; TOLLRIAN, R. Cyclomorphosis and phenotypic changes. *In*: LIKENS, G. E. (Ed.). **Plankton of Inland Waters: A Derivative of Encyclopedia of Inland Waters**. 1 ed. Academic Press, 2009. 411p.

LAVENS, P.; SORGELOOS, P. Production of *Artemia* in Culture Tanks. *In*: BROWNE, R. A.; SORGELOOS, P.; TROTMAN, C.N. A. *Artemia* **Biology**. CRC Press, 1991. 374 p.

LENZ, J. Introduction – Main systematic groups. *In*: HARRIS, R.; WIEBE, P.; LENZ, J.; SKJOLDAL, H. R.; HUNTLEY, M. (Eds.). **ICES Zooplankton Methodology Manual**. Academic Press, 2000. 684 p.

LIM, L. C.; DHERT, P.; SORGELOOS, P. Recent developments in the application of live feeds in the freshwater ornamental fish culture. **Aquaculture**, v. 227, p. 319-331, 2003.

LOPES, J. P. *et al*. Produção de cistos de "branchoneta" *Dendrocephalus brasiliensis* (Crustacea: Anostraca). **Revista Biotemas**, v. 20, n. 2, p. 33-39, 2007.

LUBZENS, E.; ZMORA, O.; BARR, Y. Biotechnology and aquaculture of rotifers. **Hydrobiologia**, n. 446-447, p. 337-353, 2001.

LUBZENS, E.; ZMORA, O. Production and Nutritional value of rotifers. *In*: STØTTRUP, J. G.; MCEVOY, L. A. **Live Feeds in Marine Aquaculture**. Blackwell Science, 2003. 318 p.

MANICKAM, N.; SANTHANAM, P.; BHAVAN, P. S. Techniques in the colletion, preservation and morphological identification of freshwater zooplankton. *In*: SANTHANAM, P.; PACHIAPPAN, P.; BEGUN, A. **Basic and Applied Zooplankton Biology**. Springer Nature, 2019. 442 p.

MERCHIE, G. Artemia: Use of nauplii and meta-nauplii. *In*: LAVENS, P; SORGELOOS, P. **Manual on the production and use of live food for aquaculture**. FAO Fisheries Technical Paper, n° 361, 1996. 295 p.

MERGEAY, J.; VERSCHUREN, D.; MEESTER, L. Daphnia species diversity in Kenya, and a key to the identification of their ephippia. **Hydrobiology**, v. 542, p. 261-274, 2005.

MILLER, C. B.; WHEELER, P. A. **Biological Oceanography**. 2 ed. Willey-Blackwell, 2012, 464 p.

PACHIAPPAN, P., *et al*. An Introduction to Plankton. *In:* **Basic and Applied Phytoplankton Biology**. Springer Nature, 2019. p. 1-24.

PAFFENHÖFER, G. A. Marine Plankton Communities. *In*: STEELE, J. H. **Encyclopedia of Ocean Sciences: Marine Biology**. Academic Press, 2 ed. 2009. p. 5-12.

PESTA, O. Kritische Revision der Branchipodidensammlung der Wiener Naturhistorischen Staats-Museum. **Annalen des Naturhistorischen Museums in Wien**, v. 34, p. 80-98, 1921.

ROCHE, K. F.; SILVA, W. M. da. Checklist dos Rotifera (Animalia) do estado do Mato Grosso do Sul, Brasil. **Iheringia**, série zoologia, v. 107, p. 1-10, 2017.

ROYAN, J. Production and Preservation of *Artemia*. *In*: PERUMAL, S.; THIRUNAVUKKARASU, A. R.; PACHIAPPAN, P. (Eds.). **Advances in Marine and Brackishwater Aquaculture**. Springer India, 2015. 262 p.

RUDSTAM, L. G. Other Zooplankton. *In*: LIKENS, G. E. (Ed.). **Plankton of Inland Waters: A Derivative of Encyclopedia of Inland Waters**. 1 ed. Academic Press, 2009. 411 p.

SARKISIAN, B. L., *et al*. An intensive, large-escale batch culture system to produce the calanoid copepod, *Acartia tonsa*. **Aquaculture**, v. 501, p. 272-278, 2019.

SIPAÚBA-TAVARES, L. H.; ROCHA, O. **Produção de Plâncton (Fitoplâncton e Zooplâncton) para Alimentação de Organismos Aquáticos.** RiMa Editora, 2001. 106 p.

SMIRNOV, N. N. **Physiology of the Cladocera.** 2nd ed. Academic Press, 2017. 402 p.

SOUTHGATE, P. C. Hatchery and larval foods. *In*: LUCAS, J. S.; SOUTHGATE, P. C.; TUCKER, C. S. **Aquaculture: Farming Aquatic Animals and Plants.** Wiley Blackwell, 2019. 642 p.

STELZER, C. P. Life History Variation in Monogonont Rotifers. In: *In*: HAGIWARA, A.; YOSHINAGA, T (Eds.). **Rotifers: Aquaculture, Ecology, Gerontology, and Ecotoxicology.** 1st ed. Springer Singapore, 2017. 180 p.

STERNER, R. W. Role of Zooplankton in Aquatic Ecosystems. *In*: LIKENS, G. E. (Ed.). **Plankton of Inland Waters: A Derivative of Encyclopedia of Inland Waters.** 1 ed. Academic Press, 2009. 411 p.

STØTTRUP, J. G. Production and Nutritional value of Copepods. *In*: STØTTRUP, J. G.; MCEVOY, L. A. **Live Feeds in Marine Aquaculture.** Blackwell Science, 2003. 318 p.

SUÁREZ-MORALES, E. Class Maxillopoda. *In:* THORP, J. H; ROGERS, D. C (Orgs.). **Ecology and General Biology: Thorp and Covich's Freshwater Invertebrates.** 4 ed. Elsevier, 2015. 1148 p.

THORP, J. H. Functional Relationship of Freshwater Invertebrates. *In:* THORP, J. H; ROGERS, D. C (Orgs.). **Ecology and General Biology: Thorp and Covich's Freshwater Invertebrates.** 4. ed., Elsevier, 2015. 1148 p.

TUNDISI, J. G.; TUNDISI, T. M. **Limnology.** CRC Press, 2011. 870 p.

VAN STAPPEN, G. Artemia. *In*: LAVENS, P; SORGELOOS, P. **Manual on the production and use of live food for aquaculture.** FAO Fisheries Technical Paper, n° 361, 1996. 295 p.

VEERAMANI, T.; SANTHANAM, P.; MANICKAM, N.; RAJTHILAK, C. Introduction to *Artemia* Culture. *In:* SANTHANAM, P.; PACHIAPPAN, P.; BEGUN, A. **Basic and Applied Zooplankton Biology.** Springer Nature, 2019. 442 p.

WALLACE, R. L.; SNELL, T. W.; SMITH, H. A. Phylum Rotifera. *In:* THORP, J. H; ROGERS, D. C (Orgs.). **Ecology and General Biology: Thorp and Covich's Freshwater Invertebrates.** 4 ed. Elsevier, 2015. 1148 p.

WALLACE, R. L.; SMITH, H. A. Zooplankton. *In*: LIKENS, G. E. (Ed.). **Plankton of Inland Waters: A Derivative of Encyclopedia of Inland Waters.** 1 ed. Academic Press, 2009. 411 p.

WILLIAMSON, C. E.; REID, J. W. Copepoda. *In*: LIKENS, G. E. (Ed.). **Plankton of Inland Waters: A Derivative of Encyclopedia of Inland Waters.** 1 ed. Academic Press, 2009., 411 p.

YOSHIMATSU, T.; HOSSAIN, M. A. Recent advances in the high-density rotifer culture in Japan. **Aquaculture Internacional**, v. 22, p. 1587-1603, 2014.

ZMORA, O.; SHPIGEL, M. Intensive mass production of *Artemia* in a recirculated system. **Aquaculture**, v. 255, p. 488-494, 2006.

Capítulo 5

Outros Organismos Utilizados como Alimento Vivo

Introdução

Neste capítulo serão destacados organismos que são frequentemente utilizados como alimento vivo na aquicultura. Pesquisas científicas evidenciam a importância destes para o desenvolvimento do setor, principalmente para a atividade voltada à criação de espécies de interesse ornamental.

Vale ressaltar, também, outros organismos que são usados eventualmente, limitando sua utilização a uma parte do ciclo de vida de algumas espécies-alvo, ou encontrados de forma involuntária dentro dos ambientes de cultivo. Alguns microrganismos, graças à facilidade de manejo e produção, podem se tornar viáveis como fonte de alimento vivo.

As espécies utilizadas como alimento vivo podem ser encontradas em corpos hídricos eutrofizados. Podem ser coletados e/ou selecionados por meio de filtragens sucessivas ou arrastos com redes apropriadas e diferentes tipos de malhas, ou ainda ser adquiridos em produtores, para dar início a uma cultura.

Algumas vezes, em ambientes de cultivo como tanques, viveiros e até mesmo caixas d'água, parte dos organismos citados aqui pode simplesmente "aparecer" de forma involuntária. Uma vez que haja boa oferta de nutrientes, poderão se desenvolver e se tornar uma boa fonte de alimento.

Lembrando o que já foi previamente discutido no Capítulo 1, esses organismos ou as espécies utilizadas como alimento vivo não são as espécies-alvo de um produtor aquícola. Na verdade, são denominadas de espécies forrageiras aquelas que têm única e exclusivamente a função de servir como alimento. Dessa forma, dependendo do porte da unidade de produção das espécies-alvo, a estrutura destinada a esses organismos pode ser bem inferior.

Estamos falando de larvas de insetos, protozoários e outras espécies de microalgas, fungos e bactérias, vermes ou microvermes, pequenos crustáceos, com conchas inclusive. E por que não utilizar, como alimento vivo, o resíduo de uma das técnicas mais empregadas na aquicultura moderna, os bioflocos – sistema BFT (do inglês: *Biofloc Technology*).

Hobbistas, empreendimentos aquícolas voltados à manutenção de reprodutores e larviculturas, bem como a aquicultura de ornamentais, serão os principais eixos de absorção desses organismos. Entretanto, não se pode descartar a possibilidade de alguns desses organismos serem produzidos em maior escala e destinados à engorda das espécies-alvo. Tudo depende da capacidade e da infraestrutura à qual estará destinada a criação.

Mais uma vez, estamos falando de organismos dos pilares da cadeia trófica, ricos em nutrientes e compostos essenciais, pré-requisitos para o bom desenvolvimento, principalmente, de larvas. São cruciais para o sucesso das atividades que sustentam, pois se posicionam em uma das etapas mais importantes do ciclo de vida de muitas espécies, que trata da mudança da alimentação endógena para o consumo do alimento exógeno. Ainda assim, requerem certa *expertise* na produção/manutenção de suas culturas.

Larvas de Quironomídeos

Informações gerais

Estes organismos são popularmente conhecidos como vermes-sangue ou *bloodworms*. Essa denominação se deve à coloração típica que algumas larvas irão apresentar: um vermelho "cor de sangue" bem marcante.

São larvas de insetos da ordem Diptera (Dípteros), pertencentes à família Chironomidae. Denominados de mosquitos verdadeiros, são aproximadamente 159.000 as espécies descritas mundialmente (COURTNEY; CRANSTON, 2015).

Estes mosquitos habitam áreas adjacentes a corpos hídricos, sendo consideradas aquáticas ou semiaquáticas. No que se refere às espécies utilizadas como alimento vivo na aquicultura, não são hematófagas, logo não causam problemas diretamente ao ser humano.

Nos ambientes aquáticos, seu papel principal é atuar como cicladores de matéria orgânica, parasitas, polinizadores (quando no estágio adulto) e presas (Figura 5.1).

Por não possuírem patas verdadeiras, se locomovem por pressão corporal com o auxílio de estruturas chamadas de parápodes, expansões corporais com cerdas que auxiliam na locomoção. Em alguns casos, o mecanismo de locomoção pode se dar por sucção. No geral, essas larvas podem apresentar de 8 a 9 segmentos corporais (COURTNEY; CRANSTON, 2015).

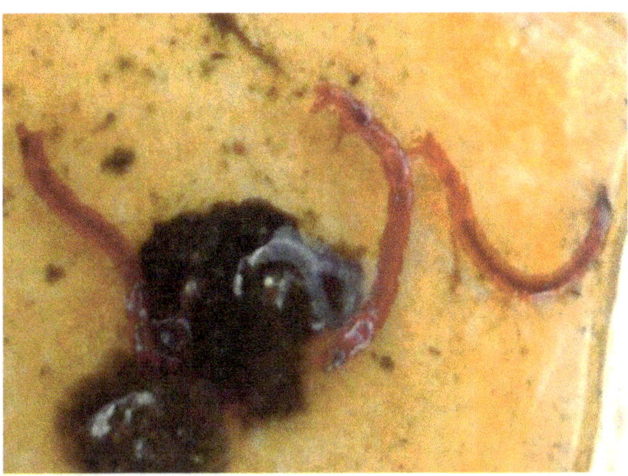

Figura 5.1 Larvas de quironomídeos coletadas em caixas de polietileno e preparadas para o cultivo de peixes em sistema de BFT no campus do IFCE-Morada Nova. *Fonte*: Autor.

O tom de cor vermelho intenso que algumas espécies vão apresentar em suas larvas derivam da presença de hemoglobina contida na hemolinfa desses organismos, ajudando-os a sobreviver por um extenso período em condições anóxicas (GULLAN; CRANSTON, 2014). Por conta do hábito de vida bentônico de algumas larvas, a hemoglobina presente em algumas espécies é importantíssima, pois auxiliará no transporte e na reserva de oxigênio em ambientes com pouca oxigenação.

Por realizarem metamorfose completa são denominados *holometabólicos*. O ciclo de vida típico dos quironomídeos consiste em estádios ou *instars* (estágio de crescimento ou forma adquirida entre duas ecdises sucessivas), separados por ecdises, popularmente conhecidos como mudas (GULLAN; CRANSTON, 2014).

O desenvolvimento corporal de insetos depende do sucesso de dois componentes do crescimento. O primeiro é proporcionado pelo incremento de tamanho, que ocorre entre um instar e outro. O segundo componente de crescimento é o período de intermuda, melhor compreendido pelo estádio ou duração de um instar e mais bem definido como o período entre a muda anterior e a próxima (GULLAN; CRANSTON, 2014). Ainda de acordo com os autores, um instar passa a existir no exato momento em que ocorre a *apólise*, etapa que antecede as ecdises, quando a epiderme se separa da cutícula do estágio seguinte (Figura 5.2).

As metamorfoses são compostas por: ovo, larva (com pelo menos três subestágios), pupa e adulto (COURTNEY; CRANSTON, 2015). O ciclo de vida desses organismos basicamente se resume às larvas se alimentarem e crescerem para, então adultos, voarem, se dispersarem, reproduzirem e morrerem.

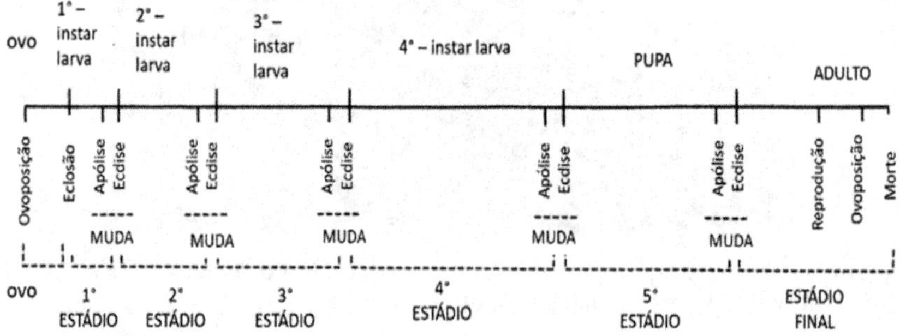

Figura 5.2 Desenho esquemático do ciclo de vida de insetos quironomídeos, exibindo os eventos e seus estágios de desenvolvimento. *Fonte*: Adaptado de GULLAN; CRANSTON (2014).

Uso na aquicultura

Por serem larvas de pequeno tamanho, podem compor a dieta de peixes e crustáceos. Os hábitos alimentares dos vermes-sangue são bem diversificados e dependem da família à qual pertencem, podendo ser saprófago, algívoro, detritívoro, dentre outros. Na aquicultura, o ideal é utilizar larvas cujos hábitos alimentares não sejam agressivos à espécie-alvo, portanto espécies detritívoras/raspadoras e algívoras são ideais para servirem de alimento vivo (Figura 5.3).

Como se pôde observar nos estudos realizados no campus do IFCE em Morada Nova, as larvas produzem casulos com detritos e outros materiais e passam a consumir essa estrutura. Após completamente consumida, a refazem e repetem o processo (Figura 5.4).

Como foi mencionado no começo deste capítulo, trata-se de um dos organismos que ocasionalmente foram encontrados em caixas de polietileno onde seriam realizadas cultivos de peixes em sistema BFT.

Sulistiyarto e Susila (2020) observaram que o uso de dejetos provenientes da piscicultura e da avicultura se apresentam como uma boa fonte de alimentos, além de ser uma alternativa à produção de larvas de quironomídeos.

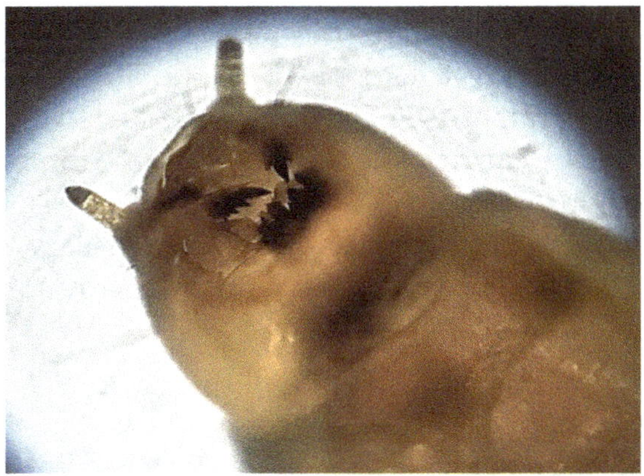

Figura 5.3 Microscopia da extremidade posterior onde está localizada a cabeça, com ênfase ao aparato bucal da larva coletada em caixas preparadas para o cultivo de peixes no campus do IFCE-Morada Nova. *Fonte*: Autor..

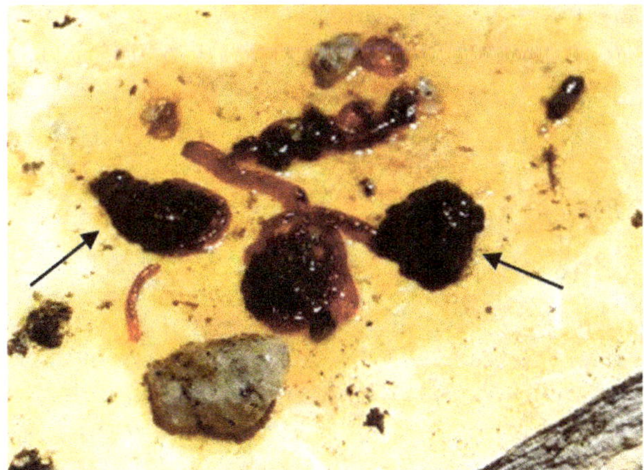

Figura 5.4 Larvas coletadas em caixas preparadas para o cultivo de peixes no campus Morada Nova. As setas apontam para as estruturas em forma de casulo feitas pelas larvas. *Fonte*: Autor.

No campus, como foi ocasional a presença desses organismos nas caixas de polietileno, a cultura permaneceu através da realização de manutenção diária da qualidade da água do ambiente na qual eles já se encontravam. Para isto, sempre que a concentração de compostos nitrogenados estava próxima a 0 mg. mL^{-1}, era adicionada quantidade suficiente de ureia granulada para que esse valor retornasse a 1 mg. mL^{-1}. Dessa forma, os nutrientes necessários aos outros organismos que formariam a base da alimentação das larvas dos quironomídeos estavam garantidos.

Outro fator importantíssimo para obtenção das larvas foi a presença de uma superfície mais rugosa dentro das caixas. Observou-se que os pesos utilizados para manutenção do sistema de aeração no fundo das caixas fizeram com que esse fosse o local onde mais se encontravam casulos com larvas. Assim, a rugosidade das estruturas facilitaria a adesão do casulo.

Outra forma de se obter bastante informação sobre métodos de captura e produção de quironomídeos é por meio de uma pesquisa rápida em sites específicos de busca. Pode-se encontrar várias opções de formulações para a obtenção e cultivo desses organismos, nos mais diversos idiomas, inclusive com vídeos explicativos. Nos sites também está à venda biomassa congelada de vermes-sangue.

A piscicultura ornamental é o principal ramo da aquicultura, que é o setor que mais fará uso desses organismos como alimento vivo. Obviamente, não se deve descartar a possibilidade de que na aquicultura de corte, dependendo das espécies a serem utilizadas em um cenário posterior, esses organismos possam compor a dieta da espécie-alvo.

Protozoários

Informações gerais

Os protozoários são microrganismos eucarióticos, unicelulares, desprovidos de parede celular. Geralmente não apresentam coloração e são móveis, sendo os mecanismos de locomoção classificados em: Amebóides (Sarcodina), Flagelados (Mastigophora) e Ciliados (Ciliophora). O quarto grupo, os Apicomplexa, desprovidos de mecanismos de locomoção, são parasitas (MARDINGAN; MARTINKO; PARKER, 2004).

Fazem parte do zooplâncton aquático. Quando comparados a Copépodos, Cladóceros e Rotíferos, os protozoários são os menores de todos (KOBAYASHI *et al.*, 2009). Dado seu tamanho diminuto, podem passar despercebidos em amostras, uma vez que são quase imperceptíveis a olho nu (Figura 5.5).

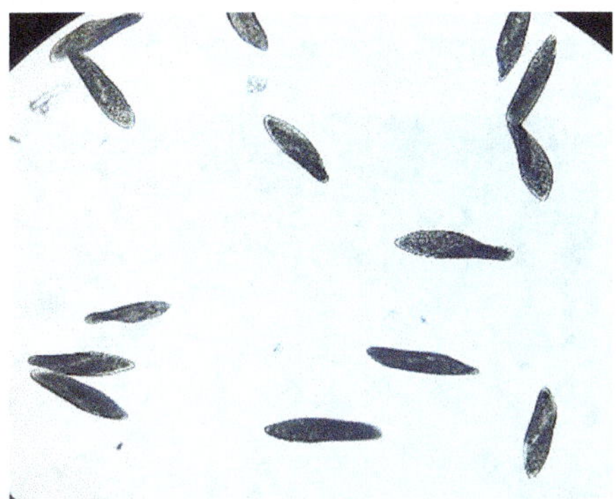

Figura 5.5   Exemplares de *Paramecium caudatum*, espécie de protozoário muito utilizada como alimento vivo na aquicultura ornamental. *Fonte*: Autor.

Os protozoários podem ser encontrados nos mais diversos ambientes aquáticos (dulcícolas e marinhos), sendo abundantes em regiões que apresentam elevada carga orgânica. Em ambientes lóticos, com maior movimentação de água, tendem a se posicionar sobre rochas, plantas e sedimentos (KOBAYASHI *et al.*, 2009). Podem ser utilizados como bioindicadores de qualidade ambiental (DAY *et al.*, 2007).

Seus mecanismos de nutrição envolvem a ingestão de partículas alimentares por meio de fagocitose, em que englobam o alimento e o direcionam para o interior da célula (MARDIGAN; MARTINKO; PARKER, 2004). Bactérias, cianobactérias, fitoplâncton e detritos fazem parte da dieta; já as espécies carnívoras se alimentam de outros organismos zooplanctônicos de tamanho inferior, como pequenos rotíferos (KOBAYASHI *et al.*, 2009).

Em meios de culturas e ambientes com condições favoráveis, os protozoários se reproduzem assexuadamente por divisão binária, podendo ocorrer até mais de três divisões por dia. Quando as condições ambientais não são favoráveis, ocorre a reprodução sexuada por conjugação, em que os materiais genéticos dos protozoários envolvidos no processo se fundem.

Uso na aquicultura

Na aquicultura, os protozoários ciliados, como o *P. caudatum*, podem ser a primeira opção de alimento para larvas de espécies ornamentais de peixes tropicais, cujo tamanho é muito pequeno para se nutrir de náuplios de artêmia (MITCHELL, 1991). Em grandes larviculturas, se faz necessária uma boa diversidade de organismos, em quantidade suficiente para ofertar como alimento vivo.

Figura 5.6 Imagem aproximada de frasco contendo uma amostra de cultura de *P. caudatum* utilizada na alimentação de espécies de peixes ornamentais. *Fonte*: Autor.

Em sites de busca na internet, é comum encontrar informações sobre o cultivo de infusórios, como são popularmente chamadas as culturas de protozoários, mais especificamente as culturas de *Paramecium caudatum*. Cultivos a partir de infusões são impraticáveis para as culturas de protozoários, uma vez que se necessitará de uma produção em maior escala (MITCHEL, 1991).

Infusões consistem na oferta de matéria em decomposição, na maioria das vezes restos de vegetais e/ou de frutas, como as cascas. Esse material pode ser fervido (ou não) e misturado com outros ingredientes, como leite (integral líquido e até mesmo em pó) e água, devendo permanecer protegido da luz por 48 horas, para promover o crescimento bacteriano, o verdadeiro alimento do *Paramecium* (CAMPELO *et al.*, 2020). Pode ainda ser adicionada uma amostra de água que contenha uma certa quantidade de matéria orgânica, e logo se contará com a presença de protozoários. A amostra pode ser obtida de viveiros e tanques de cultivo de peixes, ambientes eutrofizados ou até mesmo água dos vasilhames de cultivo de plantas.

Esse tipo de procedimento (formação de infusórios) é comum entre hobbistas e pequenos criadores. Obviamente, em escala comercial e laboratórios acadêmicos, a produção de protozoários vai ocorrer em meios de cultura definidos.

Assim como para a maioria dos organismos aqui descritos, é possível encontrar cepas e culturas à venda em sites de laboratórios especializados na produção de microrganismos, no Brasil e no exterior (amostras que custam a partir de US$8,00, mais taxa de envio). A obtenção e manutenção de culturas estáveis e puras são fundamentais para uso tanto em pesquisas científicas como na exploração comercial (DAY et al., 2007).

Os meios de cultura de protozoários são categorizados em quatro tipos distintos (DAY *et al.*, 2007):

♦ Extrato de vegetais.

♦ Extratos de solos.

♦ Soluções de sais inorgânicos.

♦ Meios orgânicos enriquecidos.

Os componentes orgânicos retirados de extratos de plantas são ideais para o desenvolvimento de bactérias, o alimento dos protozoários. Esse mesmo mecanismo é utilizado no preparo do meio cuja base é o extrato de solo. Meios de cultura à base de sais inorgânicos formam um ambiente balanceado, em sua composição iônica, para os protozoários, porém deficiente na presença de matéria orgânica. Portanto, se faz necessário adicionar outros organismos forrageiros ou fontes de carbono para compor a dieta dos protozoários. O meio de cultura de Prescott e James pode ser uma alternativa de uso. Por fim, no caso de produção por meios orgânicos enriquecidos, que são derivados de compostos de origem animal, o meio de cultura PPYE pode ser uma alternativa para o desenvolvimento de culturas axênicas de *Paramecium* (DAY *et al.*, 2007).

De acordo com Wilson (2012), os protozoários devem representar apenas uma etapa na alimentação de larvas de peixes, uma vez que não possuem todos os requisitos nutricionais necessários às espécies, sendo necessária a complementação com outros organismos à medida que as larvas se desenvolvem.

Microvermes

Informações gerais

Os nematoides são um grupo bem diverso de organismos, com milhares de espécies que ocupam nichos ecológicos distintos, desde parasitas de animais e plantas até predadores. Também encontraremos espécies de vida livre não-parasita se alimentando de bactérias e fungos

(BRÜGGEMANN, 2012). Podem ser observados em todos os ecossistemas aquáticos e terrestres.

Brüggemann (2012) ressalta três principais espécies de nematoides com potencial para uso na aquicultura: *Panagrellus redivivus*, *Caenorhabditis elegans* e *Turbatrix aceti*, com maior destaque para o primeiro. *P. redivivus*, popularmente conhecido como microverme, é amplamente utilizado como alimento vivo na aquicultura por suas características extremamente desejáveis (Figura 5.7).

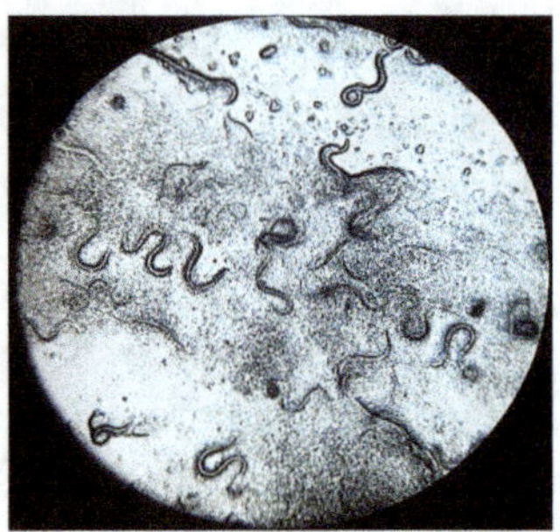

Figura 5.7 Microscopia da amostra de uma cultura do microverme *Panagrellus redivivus* (aumento de 100x). *Fonte*: Autor.

P. redivivus é um nematoide não-parasítico, de vida livre e bacteriófago (BRÜGGEMANN, 2012). São ovovivíparos e apresentam elevada taxa de reprodução: cada fêmea produz de 10 a 40 novos indivíduos num intervalo de 1 a 2 dias. Esses microvermes possuem 50 μm de diâmetro e 50 a 2000 μm de comprimento, sendo os machos ligeiramente menores que as fêmeas quando adultos (DELBARE; DHERT, 1996; SANTIAGO *et al.*, 2003; COUTO *et al.*, 2018).

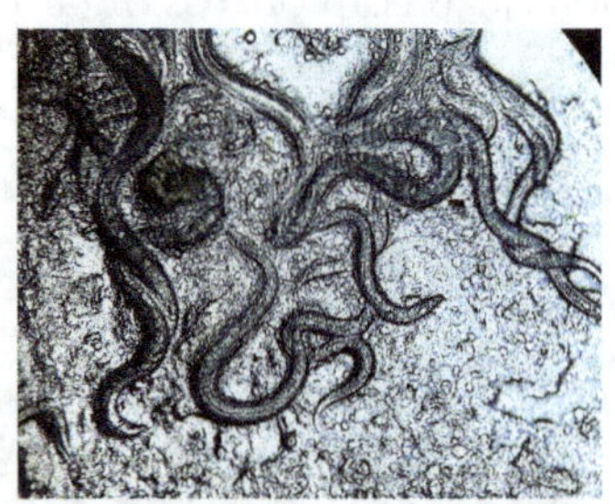

Figura 5.8 *Panagrellus redivivus*: microverme cujo tamanho varia entre 50 e 2000 μm (aumento de 100x com adição de aumento de 5x digital). *Fonte*: Autor.

De acordo com Biedenbach *et al.* (1989), o percentual de proteínas, lipídios e carboidratos presentes na biomassa de microvermes *P. redivivus* é de 48,3, 17,3 e 31,3, respectivamente.

A qualidade nutricional dos nematoides pode ser melhorada pelo uso da técnica de bioencapsulação (DELBARE; DHERT, 1996). O enriquecimento se dá pela adição dos produtos no meio de cultura (enriquecimento pela dieta) ou ao emulsificar os organismos na substância requerida (enriquecimento indireto), a fim de melhorar ainda mais o potencial nutritivo para as espécies-alvo.

Estes organismos apresentam ainda o potencial de biomedicação, ou seja, podem ser portadores de um agente terapêutico para as espécies-alvo (DELBARE; DHERT, 1996). Outra vantagem da espécie é a capacidade de tolerar condições ambientais extremas e grandes variações de temperatura e salinidade.

Uso na aquicultura

Com tamanho adequado, alto valor nutricional e facilidade de manejo, o microverme *P. redivivus* se torna boa fonte de alimento para organismos cultivados na aquicultura (FOCKEN *et al.*, 2006). Graças a seu tamanho diminuto, são viáveis para larvas de peixes, principalmente aquelas que possuem boca pequena (SANTIAGO *et al.*, 2003). Brüggemann (2012) destaca que, em termos comparativos, o tamanho do *P. redivivus* é semelhante ao de rotíferos. Já de acordo com Delbare e Dhert (1996), esses nematoides apresentam um perfil de aminoácido muito semelhante ao encontrado em artêmias.

Samocha e Lewinsohn (1977) já demonstravam o sucesso dos microvermes como um dos componentes alimentares para as pós-larvas dos camarões peneídeos *Penaeus semisculcatus* e *Metapenaeus stebbingi*. Anos depois, Wilkenfeld, Lawrence e Kuban (1984) sugeriram que, nas dietas de larvas de camarões peneídeos, era viável a substituição de náuplios de artêmia por *P. redivivus*, uma vez que esses nematoides não chegariam a um tamanho em que não pudessem mais servir de alimento para as larvas, diferentemente dos náuplios, que, uma vez não consumidos, passam a crescer dentro do cultivo das larvas.

Sua aplicação na aquicultura foi limitada durante muito tempo em virtude da necessidade do desenvolvimento de técnicas de produção em massa (SCHLECHTRIEM *et al.*, 2004). Ainda de acordo com esses autores, essa limitação foi sendo desconstruída graças a pesquisas visando ao desenvolvimento dos melhores meios de cultura para esses organismos. Ao longo dos anos, uma série de pesquisas foram conduzidas visando simplificar a forma de produção desses organismos. Atualmente, na aquicultura de ornamentais é possível encontrar facilmente a produção de microvermes.

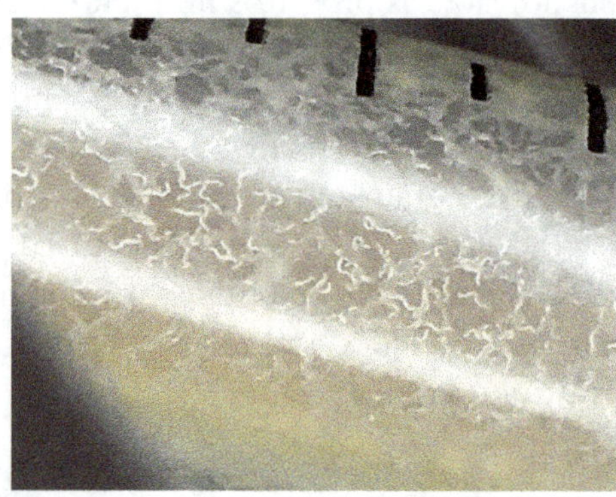

Figura 5.9 Tubo tipo *falcon* contendo uma telamostra de cultura do microverme *Panagrellus redivivus* (aumento de 5x digital). *Fonte:* Autor.

Com uma rápida busca na internet é possível encontrar uma série de "receitas" elaboradas por pesquisadores, e divulgadas em artigos científicos, ou por hobbistas e produtores de peixes ornamentais. Com uma mistura de farinha de aveia e água, é possível aumentar o conteúdo de proteínas em até 61,8% (AFFANDI *et al.*, 2019). Ainda de acordo com os autores, a adição de óleo de girassol pode incrementar o conteúdo lipídico para até 23,5%.

Dessa forma, para preparar o meio de cultura de *P. redivivus*, é adicionado, a 50 g de farinha de aveia, 100 mL de água ou quantidade suficiente para obter uma consistência pastosa (SANTIAGO *et al.*, 2003). Logo após, uma amostra de uma cultura prévia de microvermes deve ser adicionada (Figura 5.10).

Complementarmente, é possível adicionar 5 mL de uma solução contendo *Saccharomyces cerevisiae* ou mesmo biomassa de Spirulina (*Arthrospira platensis*), como forma de enriquecimento e para favorecer o aumento populacional (BRÜGGEMANN, 2012).

Para captura e oferta dos microvermes como alimento aos animais cultivados, pode-se simplesmente filtrar uma parte da cultura em rede de plâncton com abertura de malha de 100 μm e lavar com água para retirada do meio de cultura dos microvermes. Esta forma é mais interessante do ponto de vista da manutenção da qualidade de água dos peixes e camarões cultivados, visto que há somente a inserção dos microvermes no ambiente onde estão as larvas das espécies-alvo.

Figura 5.10   Recipientes plásticos contendo uma cultura do microverme *Panagrellus redivivus*. Destaque para a tampa do recipiente, contendo uma abertura bloqueada por uma gaze, que permite, assim, a troca gasosa e impede a entrada de insetos. *Fonte*: Autor.

Outra forma de ofertar os microvermes é pela colocação de uma esponja sobre a cultura. Após um certo tempo, retira-se essa esponja, já com os microvermes aderidos, e agita-se na água de cultivo com as larvas de peixes ou crustáceos. Também se pode simplesmente, com uma espátula ou colher, retirar uma parte da cultura e dissolver na água onde estão os animais. A desvantagem desta técnica é a possível inserção de outros materiais que não serão digeridos pelos peixes e/ou crustáceos, resultando em necessidade de manutenção da qualidade da água.

Enquitréia

Informações gerais

Este é mais um organismo com formato de verme a ser utilizado como alimento vivo na aquicultura. Possui corpo alongado, cilíndrico e de tamanho diminuto, entretanto, ao contrário dos microvermes, este pertence à subclasse Oligochaeta.

Bastante conhecido na aquicultura ornamental como enquitreia, no Brasil, especificamente, a espécie utilizada é a *Enchytraeus albidus*, que internacionalmente atende pela alcunha de *whiteworm* ou *potworm* (Figura 5.11).

Figura 5.11 Exemplar de *Enchytraeus albidus,* obtido a partir de uma cultura estabelecida e destinada à alimentação de peixes ornamentais (aumento de 5x digital). *Fonte*: Autor.

Em geral, os oligoquetos são pequenos organismos vermiformes com tamanhos variando de 1 mm a alguns centímetros de comprimento, dependendo da espécie. Vive em ambientes aquáticos e terrestres (TIMM; MARTIN, 2015).

De acordo com Walsh (2012), *Enchytraeus albidus*, que mede de 2 a 4 cm, é a espécie mais utilizada na piscicultura ornamental. A autora ressalta que esses organismos têm elevado potencial para produção em massa graças ao rápido crescimento, precocidade, fecundidade, fácil manejo e capacidade de tolerar altas densidades, sendo indicados para manutenção em laboratórios, para hobbistas e piscicultores. Por essas características, Erséus *et al*. (2019) ressaltam o emprego de *E. albidus* como organismo base em várias pesquisas de biologia aplicada.

O corpo apresenta um número elevado de segmentos (> 40), a coloração pode variar de branco a um tom amarelado e são hermafroditas. Eurihalinos, toleram uma grande variedade de salinidade e, dessa forma, são encontrados em ambientes tanto de água doce quanto marinho.

Uso na aquicultura

As primeiras pesquisas, com um bom número de dados, sobre o cultivo de *Enchytraeus albidus* foram desenvolvidas na década de 1940, por pesquisadores da então União Soviética, visando ao uso como alimento vivo nas larviculturas para, dessa forma, promover a produção de peixes no país (WALSH, 2012).

Figura 5.12 Tubo tipo *falcon* contendo uma amostra da cultura de *Enchytraeus albidus* (A). Imagem aproximada digitalmente (B). *Fonte*: Autor.

Esses organismos têm diversas aplicações, podendo ser ofertados vivos, congelados (biomassa congelada) ou mesmo como ingrediente na formulação de rações e preparados (patês) para os estágios iniciais de desenvolvimento de peixes, principalmente espécies ornamentais (FAIRCHILD; BERGMAN; TRUSHENSKI, 2017).

Quando ofertadas vivas, as enquitreias incitam ainda mais o comportamento alimentar dos peixes, pois permanecem em movimento na água. Caso seja necessário cortar os indivíduos em pedaços, as partes permanecerão em movimento, chamando a atenção e atraindo os peixes (WALSH, 2012). Outra vantagem da oferta das enquitreias como alimento é o fato de permanecerem vivas na água e, dessa forma, não acelerarem os processos de perda de qualidade do ambiente, como ocorre com os alimentos inertes.

Apresentam excelente conteúdo nutricional: aproximadamente 75,90 ± 2,84% de proteínas, 15,09 ± 2,70% de lipídios, 2,89 ± 0,78% de fibras e 6,12 ± 0,54% de cinzas (WALSH *et al.*, 2015). Graças a isso, não compõem exclusivamente a dieta das espécies-alvo, na verdade são em sua maioria um complemento semanal da dieta dessas espécies.

Protocolos de alimentação das enquitreias são bastante indiscriminados e até desprezados (FAIRCHILD; BERGMAN; TRUSHENSKI, 2017). As enquitreias consomem basicamente tudo o que for orgânico. Assim, os produtores usualmente administram restos de vegetais, aveia, pão (embebido no leite), farinha de trigo e cereais (MEMIS; ÇELIKKALE; ERCAN, 2004).

Com uma pesquisa rápida em sites de busca, encontram-se diversas metodologias de alimentação, variando desde a oferta de rações para caninos e/ou peixes até substratos de pão e aveia. Memis, Çelikkale e Ercan (2004) ressaltam que as rações em forma de pélete devem antes ser umedecidas para facilitar o consumo pelos vermes; cuidados para evitar a contaminação com outros microrganismos se fazem necessários. O uso de rações oriundas da aquicultura, embora possuam uma boa oferta de nutrientes para as enquitréias, pode onerar substancialmente a produção desses vermes, se a ração for adquirida somente para esse fim (FAIRCHILD; BERGMAN; TRUSHENSKI, 2017).

Recipientes plásticos são os ideais para criação das culturas de enquitreias, devido à variedade de tamanhos e formatos, cabendo ao produtor escolher o que atende melhor à sua necessidade. Mais uma vez, é possível encontrar disponível, em sites de busca e em serviços de *streaming* de vídeos, metodologias para o desenvolvimento de substratos (Figura 5.13), que podem ser compostos por extratos de solo, carvão ativado (usado), esponjas ou à base de pão.

Figura 5.13 Recipiente plástico contendo uma cultura de *Enchytraeus albidus*. Substrato composto por carvão ativado usado e malha para captura das enquitreias. *Fonte*: Autor.

A coleta da biomassa pode ser feita dispondo uma estrutura (rede, malha ou um simples pedaço de plástico, preferencialmente transparente, para facilitar a visualização das enquitreias fixadas à estrutura) que permita a adesão dos vermes, para posterior retirada dos indivíduos capturados.

Como manejo diário, além da alimentação, é preciso aspergir ou borrifar água sobre a cultura para manutenção da umidade. Caso seja adicionada água em excesso ou ela se acumule em demasia, é necessário remover o excedente do líquido do ambiente, tomando o devido cuidado para não eliminar ovos e larvas.

Como colocado anteriormente, trata-se de organismos eurihalinos, porém, em substratos com variação de salinidade de 8 a 15, apresentam maior produção de biomassa (HOLMSTRUP; HOVVANG; SLOTSBO, 2020). O pico de produção de biomassa se dará no intervalo de 45 a 50 dias do início da cultura, dependendo do tipo e da oferta de alimento, estando, assim, apta à coleta de biomassa (FAIRCHILD; BERGMAN; TRUSHENSKI, 2017).

Embora, ao longo dos anos, as enquitreias tenham provado seu valor como alimento vivo na aquicultura ornamental, ainda não despertou interesse para maior uso na aquicultura de corte.

BFT

Informações gerais

O BFT ou tecnologia em bioflocos (do inglês, *biofloc technology*) é um dos sistemas de cultivo mais promissores da aquicultura moderna. Bastante difundido ao redor do mundo, é considerado um sistema aquícola ambientalmente correto, graças à ciclagem de nutrientes e reuso de água (EMERENCIANO; GAXIOLA; CUZON, 2013). Os BFTs foram desenvolvidos com o intuito de melhorar o controle ambiental e sanitário da produção, sendo ideal para regiões onde há escassez hídrica e o custo de aquisição de terra é elevado (HARGREAVES, 2013).

Na última década foi alçado a um dos principais meios de produção intensiva de organismos aquáticos, dado o avanço tecnológico e as novas possibilidades. Não se trata, porém, de um sistema de produção atual; na verdade, já vem sendo desenvolvido desde o início dos anos 1990, por Steve Hopkins e colaboradores, no Centro Waddell de Maricultura, na Carolina do Sul, nos Estados Unidos, e por Avnimelech e colaboradores, em Israel (AVNIMELECH, 2012). Mas com certeza ainda há possibilidades de melhorias e mudanças dentro do conceito desse tipo de sistema produtivo.

A base do sistema são os bioflocos ou macroagregados de microrganismos, contendo desde bactérias e protozoários até microalgas, dentre outros organismos unidos em torno de detritos e partículas orgânicas por meio de uma matriz formada por uma Substância Polimérica Exocelular, conhecida por EPS (AVNIMELECH, 2012;

WINGENDER; NEU; FLEMMING, 1999). Nessa comunidade temos ainda outros microrganismos zooplanctônicos e nematoides que buscam os flocos como fonte de alimento (HARGREAVES, 2013).

Figura 5.14 Cultivo de tilápias (*Oreochromis niloticus*) no sistema de tecnologia em bioflocos (BFT) no interior do estado do Ceará. *Fonte*: Autor.

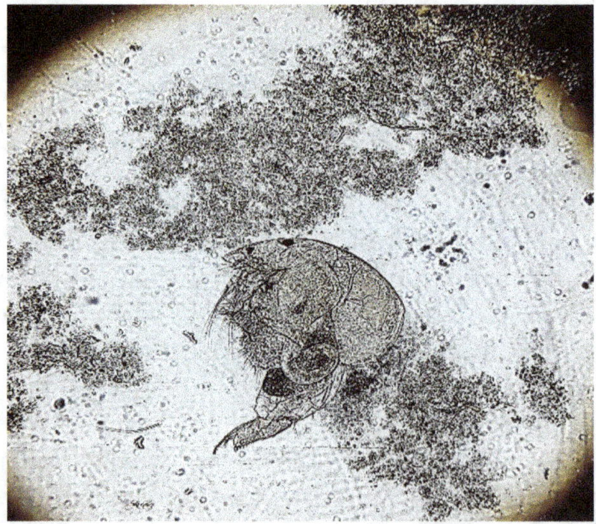

Figura 5.15 Organismo zooplanctônico (cladócero) que busca se alimentar dos microrganismos presentes nos bioflocos. *Fonte*: Autor.

Os flocos irão se formar a partir da introdução de nutrientes e do estabelecimento da correta relação entre C/N no ambiente escolhido, para o desenvolvimento dos macroagregados. Aliado a isto, temos o incentivo à movimentação das camadas de água pela injeção massiva de oxigênio por meio de mecanismos artificiais de aeração (MARTÍNEZ-CÓRDOVA *et al.*, 2015; AVNIMELECH, 2012). O oxigênio tem dois importantíssimos papéis no funcionamento do sistema BFT: o primeiro, na movimentação das camadas de água, citada anteriormente; e o segundo, na maximização dos processos microbiológicos no ambiente de cultivo.

Os sistemas BFT são classificados em autotróficos (verdes) e heterotróficos (marrons). Essa classificação é decorrência da composição principal de organismos presentes na massa de flocos. Os verdes, ou autotróficos, são assim denominados pela maior presença de microalgas e de organismos clorofilados. Já os de cor predominantemente marrom são compostos por bactérias heterotróficas que se sobressaem aos organismos clorofilados como os principais componentes. Vale ressaltar que, mesmo em sistemas heterotróficos, é possível encontrar organismos clorofilados, e vice-versa. Um sistema autotrófico pode se tornar heterotrófico simplesmente controlando-se a incidência de luz sobre o cultivo; e o contrário é possível também.

Figura 5. 16 Análises de sólidos sedimentáveis de diferentes tipos de sistemas BFT realizados em caixas de polietileno. Na extrema esquerda, cultivo heterotrófico; ao centro, um cultivo em transição para heterotrófico; e, na extrema direita, cultivo autotrófico, caracterizado pela elevada presença de microalgas. *Fonte*: Autor.

Na aquicultura de corte, as funcionalidades dos bioflocos são essencialmente duas (HARGREAVES, 2013):

♦ Tratar/assimilar compostos dissolvidos na água e outros resíduos.
♦ Prover nutrição aos animais confinados através do seu consumo.

Uso na aquicultura

Trata-se de um sistema aquícola, e sua importância na aquicultura já foi destacada, porém os sistemas BFT têm relevância ainda maior quando assumem o papel de fonte de alimento vivo, tanto dentro como fora dos ambientes de cultivo da aquicultura tradicional ou de corte.

O monitoramento da produção de flocos é realizado por meio da leitura de sólidos sedimentáveis com o uso de um cone Imhoff (Figura 5.16). Dentro de condições ideais de cultura, esses bioflocos têm sua produção aumentada a ponto de ser necessária a retirada do excesso de flocos, ganhando assim novas funcionalidades.

O excesso pode ser removido do ambiente de cultivo por meio de dois mecanismos:

♦ Troca parcial de água. Desta forma, porém, o sistema perde toda a sua essência no reuso de água.
♦ Por meio de clarificadores anexados aos tanques de produção. Neste caso, a água vai circular pela estrutura do clarificador, promover a sedimentação dos flocos e devolver a água "limpa" ao sistema.

Depois da clarificação, os flocos excedentes podem ser direcionados para a alimentação de outros organismos, que é o nosso foco, ou ser deixados para secar ao sol e utilizados como adubo orgânico, visto que ainda possuem elevado grau de nutrientes tanto nitrogenados como fosfatados.

A composição nutricional dos bioflocos pode variar de acordo com as condições ambientais, a fonte de carbono, a concentração dos sólidos sedimentáveis, a intensidade luminosa, a salinidade e, principalmente, pela comunidade microbiana formada. Logo, a quantidade de proteína, lipídios e cinzas vai variar entre 12% e 49%, de 0,5% a 12,5% e de 13% a 46%, respectivamente (EMERENCIANO; GAXIOLA; CUZON, 2013) O mesmo ocorre para o perfil de ácidos graxos.

Os flocos tendem a "amadurecer" dentro dos cultivos, formando unidades maiores e facilmente sedimentáveis. Já cultivos "jovens" ou novos tendem a ter flocos bem menores, quase imperceptíveis.

Assim, os bioflocos podem se tornar uma fonte alternativa de alimento vivo, dada a riqueza nutricional, a diversidade de organismos e, principalmente, pela facilidade de produção. A variedade de tamanho dos flocos aumenta a gama de animais que podem ser alimentados com essa comunidade microbiana, desde indivíduos destinados à reprodução até estágios iniciais e larvas de peixes e crustáceos, em atividade de corte ou cultivos de espécies ornamentais.

Outros Organismos

Os organismos tratados neste tópico do capítulo são de uso mais limitado, uma vez que suas culturas são pouco difundidas. Estes organismos podem ainda ocorrer no ambiente de cultivo de forma involuntária e inesperada, como é o caso dos Ostracodas, Anfípodas e Mysidáceos. Dependendo da origem da água captada, podem se fazer presentes na forma de ovos ou outros estágios iniciais de crescimento e, dessa maneira, desenvolvem-se dentro do ambiente de cultivo das espécies-alvo.

Entretanto, estas espécies ganharam certa importância dentro da cadeia produtiva da aquicultura pela diversidade de tamanho. As espécies citadas neste tópico do capítulo irão compor a dieta das espécies-alvo em pelo menos uma etapa dos seus ciclos de vida. Serão abordados neste tópico: *Blackworms*, Ostracodas, Anfípodas, Mysis e o Perifíton.

Blackworms

Ao lado dos microvermes (*Panagrellus redivivus*) e das enquitreias (*Enchytraeus albidus*), fazem parte do grupo de organismos vermiformes usados na aquicultura ornamental.

Os *blackworms* (*Lumbriculus variegatus*), ou *California Blackworm* (Figura 5.17), estão presentes em corpos hídricos de água doce, encontrados nos sedimentos das partes mais rasas de ambientes lênticos, compondo a base da cadeia trófica que sustenta esses ecossistemas (LASIER, 2009). São ricos em proteínas (60-65%) e lipídios (11-25%) (ELISSEN *et al.*, 2015).

Apesar de possuírem ambos os sexos (hermafrodita), o mecanismo de reprodução predominante em algumas espécies é o vegetativo por fragmentação. Em determinado momento, o verme "quebra" ou separa-se em duas partes (autotomia), e de cada uma das partes surge (se desenvolve) um novo indivíduo (Figura 5.18). Por conta desse mecanismo reprodutivo, a população em cativeiro pode dobrar a biomassa em um período de poucas semanas (LIETZ, 1987).

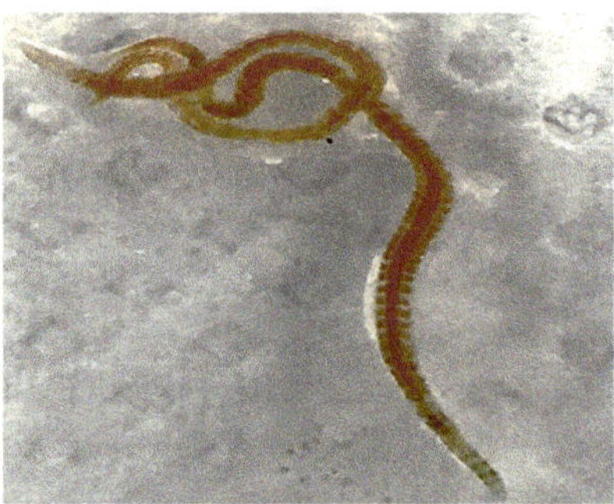

Figura 5.17   Exemplares de *Lumbriculus variegatus* ou *blackworms*, obtidos em uma cultura estabelecida e destinada à alimentação de peixes ornamentais. *Fonte*: Autor.

Figura 5.18 Fragmentação corporal de *L. variegatus*, mecanismo reprodutivo que pode ser predominante em algumas espécies. *Fonte*: Autor.

O *L. variegatus*, além do uso como alimento vivo na aquicultura, também é empregado como bioindicador ambiental, sendo utilizado para avaliar a bioacumulação de agentes contaminantes em ecossistemas aquáticos (LASIER, 2009).

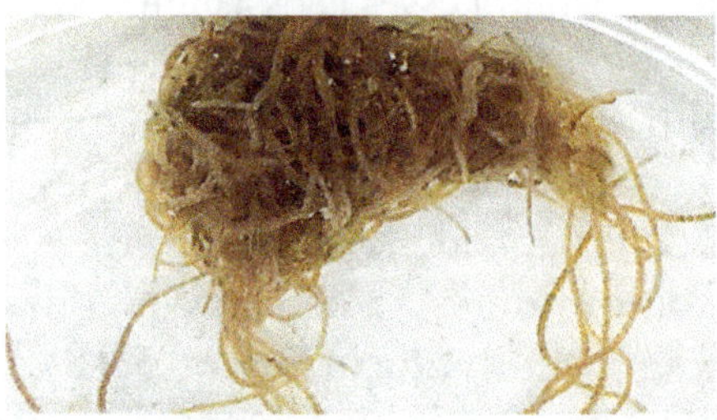

Figura 5.19   Exemplares de *Lumbriculus variegatus* ou *blackworms*, obtidos em uma cultura estabelecida e destinada à alimentação de peixes ornamentais. *Fonte*: Autor.

Pode ser considerada uma espécie invasiva, pelo seu potencial de dispersão e capacidade adaptativa. A ocorrência massiva em determinadas áreas pode levar ao desequilíbrio da fauna bentônica e, consequentemente, influenciar a cadeia trófica desses ecossistemas (MARCHESE *et al.*, 2015).

Na internet, é fácil encontrar receitas de como manter as culturas de *blackworms*. Em resumo, é possível utilizar restos vegetais, rações para animais domésticos e rações para peixes. Podem ser encontrados à venda vivos, na forma de biomassa congelada e também de biomassa desidratada (MARCHESE *et al.*, 2015).

Ostracoda

A classe Ostracoda é formada por crustáceos de pequeno tamanho e que vão ocupar quase todos os ambientes aquáticos e de transição (SMITH *et al.*, 2015).

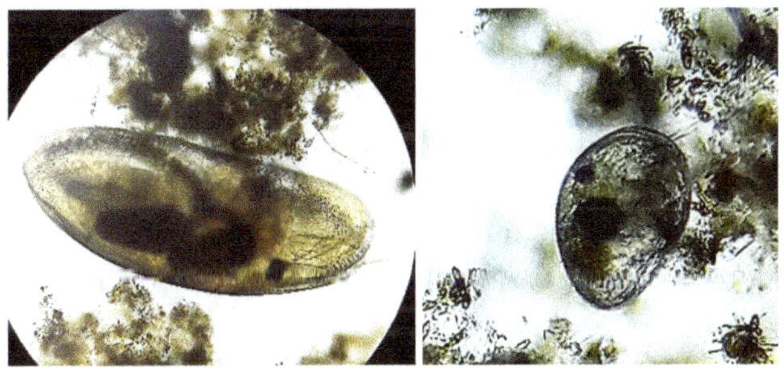

Figura 5.20 Exemplares de Ostracoda, observados em amostras de água de cultivo, em peixes no sistema de BFT. *Fonte*: Autor.

São bem distintos por serem bivalves, com as valvas da carapaça compostas de calcita com baixo teor de magnésio, e a carapaça pode ser mais ou menos rígida (de acordo com o ciclo de vida do animal e da espécie). As trocas da carapaça podem ocorrer até oito vezes durante o período em que o animal leva para atingir a maturidade, o que, dependendo da espécie, pode ocorrer em até um ano, no qual as ecdises cessarão. No geral, quando adultos, podem ter de 0,5 a 3 mm de comprimento, com poucas espécies medindo até 8 mm (SMITH *et al.*, 2015; HOLMES; CHIVAS, 2002). A reprodução pode ocorrer de três modos diferentes nas espécies não-marinhas: reprodução sexual; partenogênese; e mista (SMITH *et al.*, 2015).

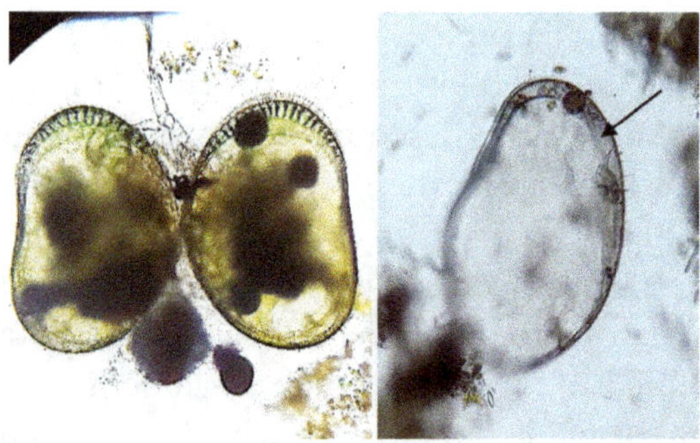

Figura 5.21   À esquerda, a carapaça aberta de um Ostracoda, exibindo as valvas que a compõem. Ao lado, uma carapaça "abandonada", sendo agora "lar" de outros microrganismos. Inclusive é possível ver um rotífero (seta) alimentando-se de organismos incrustados. *Fonte*: Autor.

São organismos essencialmente bentônicos (epibentônicos) e da infauna que se alimentam de microalgas e detritos orgânicos (SMITH *et al.*, 2015). São bastante utilizados em pesquisas paleoecológicas e geoquímicas, uma vez que os fósseis permanecem bem preservados nos sedimentos. Também secretam substâncias de acordo com as condições ambientais, pois são organismos bem sensíveis às mudanças (HOLMES; CHIVAS, 2002). Graças a essas características, são excelentes indicadores ambientais.

Yu *et al.* (2009) verificaram que a espécie *Physocypria kraepelini* pode tolerar, por longos períodos, concentrações de amônia superiores a 58 mg. L^{-1} e pH variando de 6,5 a 7,6. Avaliar a qualidade ambiental por meio do monitoramento da densidade e da variabilidade da comunidade de Ostracodas é uma abordagem potencialmente valiosa por dois motivos:

♦ As comunidades são bem diferenciadas, tendo algumas espécies maior sensibilidade ao tipo de substâncias despejadas nos corpos hídricos.

♦ Essa diferenciação prevalece ao longo do tempo, assim é possível detectar as menores variações ambientais de acordo com as espécies presentes no cenário analisado (PIERI; GOI; VANDERKERKHOVE, 2010).

Como já citado ao longo do livro, o uso de alimento vivo é indispensável para o sucesso de larviculturas tanto de espécies marinhas como dulcícolas (CONCEIÇÃO *et al.*, 2010). Entretanto, ao analisar o crescimento e a sobrevivência de larvas de pirarucu (*Arapaima gigas*) com três diferentes fontes de alimento vivo, Gonçalves *et al.* (2019) observaram que as larvas de *A. gigas* alimentadas com Ostracodas apresentaram resultados bem inferiores quando comparadas com dietas à base de Artêmia ou Cladóceros. Os autores, inclusive, verificaram exemplares de Ostracodas intactos no trato intestinal das larvas mais jovens de *A. gigas*, mostrando que a carapaça é um forte impeditivo para seu uso como alimento, por requerer um sistema digestivo mais desenvolvido para ser absorvida.

Dessa forma, vale destacar que nem todo organismo pode ser usado como alimento vivo ou, pelo menos, deve-se checar o estágio de desenvolvimento da espécie-alvo, para averiguar a produção de enzimas e a capacidade digestiva do indivíduo. Gonçalves *et al.* (2019) ressaltam que, a partir do 17º dia após a eclosão, as larvas de pirarucu já seriam capazes de se alimentar normalmente de Ostracodas, graças à maior maturidade do trato digestivo.

No cultivo de Ostracodas, o ideal é preparar o local que será destinado à criação desses organismos, preferencialmente, com um bom volume da água de onde a amostra for obtida, para facilitar a adaptação. Da mesma forma, é importante a preparação de um substrato. É preciso realizar análises periódicas de pH e ajustar, sempre que necessário, os valores observados ao do ambiente onde a amostra foi coletada.

Devem ser realizadas trocas parciais e regulares de água para manutenção da qualidade. Atentar também para a oferta de uma dieta à base de detritos e microalgas bentônicas, sendo *Arthrospira platensis* (*Spirulina*) um excelente componente da dieta, por promover o enriquecimento nutricional desses animais, assim como flocos do sistema BFT, como verificado por este autor (Figura 5.22).

Figura 5.22 Exemplar de Ostracoda capturado em amostras para análise de sólidos sedimentáveis em sistema BFT. As imagens diferem apenas na quantidade de *zoom:* à esquerda, magnificação de 100x com adição digital de 5x; à direita, 400x com adição de 5x digital. *Fonte*: Autor.

Outros crustáceos

Os organismos tratados aqui como *outros crustáceos* são os Anfípodes e Mysis, pertencentes à superordem dos Peracarida, da classe Malacostraca. Os anfípodes, assim como os isópodes e os misidáceos, são ecologicamente importantes para ambientes de água doce e marinha, nos quais são abundantes (WELLBORN; WITT; COTHRAN, 2015).

Por serem relativamente abundantes nesses ambientes, estes organismos podem fazer parte da fauna que acompanha a água captada para abastecer o empreendimento onde se encontram. Uma vez presentes nos ambientes, dependendo das condições ofertadas, que na grande maioria das vezes são ótimas, se estabelecem e, dessa forma, podem ser capturados e utilizados como alimento vivo das espécies-alvo. Os exemplares exibidos na Figura 5.23 possuem essa origem e, sempre que necessário, são capturados para serem ofertados aos peixes do local.

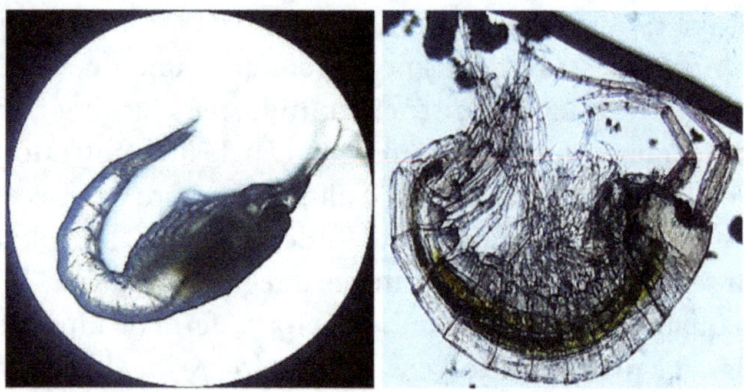

Figura 5.23   Exemplar de Misidáceo e Anfípoda, presentes em água utilizada no cultivo de peixes ornamentais marinhos. *Fonte*: Autor.

O desenvolvimento dos Peracaridas é direto. Ovos são armazenados em bolsas na região ventral, onde eclodem em juvenis com o formato similar aos adultos (WELLBORN; WITT; COTHRAN, 2015; CASTIGLIONI; BOND-BUCKUP, 2009).

Pesquisas têm destacado o potencial invasivo dos Peracaridas. De forma acidental ou mesmo intencional, algumas espécies têm se sobressaído em relação às nativas da região e, dessa forma, se multiplicado mais facilmente (WELLBORN; WITT; COTHRAN, 2015).

Para a aquicultura, em que se busca constantemente novas fontes de alimento vivo para as espécies cultivadas, os anfípodes e misidáceos podem ser uma fonte viável. Nas larviculturas de espécies marinhas, o uso de fontes de alimento como artêmias, rotíferos e copépodos podem trazer limitações ao desenvolvimento das espécies (GUERRA-GARCÍA *et al.*, 2016).

Anfípodes e Mysis têm hábitos alimentares bem semelhantes. Dependendo das espécies que são carreadas para dentro dos cultivos, podem ser detritívoras e fitoplanctófagas, outras podem ser onívoras, inclusive ocorrendo canibalismo.

As culturas se assemelham bastante ao proposto para os Ostracodes, e, dessa forma, água de boa qualidade e substrato são essenciais para o sucesso dos cultivos. Mais uma vez, vale salientar que são organismos que podem fazer parte da fauna que acompanha a captação de água que abastece o empreendimento. Logo, uma vez presentes, que possam ser utilizados como alimento vivo, principalmente para compor a dieta de peixes adultos.

Perifíton

Perifíton, ou biofilme, é um complexo microbiológico composto por vegetais e animais aderidos a um substrato por uma matriz de muco-polissacarídeos (VAN DAM *et al.*, 2002; LU *et al.*, 2016).

A biota ou comunidade perifítica será formada por bactérias, proto-zoários, fungos, fitoplâncton, zooplâncton, organismos bentônicos e uma variedade de outros invertebrados que vão se juntar à colonização (UDDIN *et al.*, 2007).

Figura 5.24 Estrutura de um tanque-rede, utilizado no cultivo de tilápias (*Oreochromis niloticus*), com uma grande quantidade de perifíton aderido. *Fonte*: Autor.

A composição da comunidade perifítica em determinado ambiente vai se alterar de acordo com parâmetros ecológicos como luminosidade, temperatura, velocidade de movimentação da água e disponibilidade dos nutrientes na água.

Na aquicultura, são adicionados parâmetros operacionais inerentes à atividade que exerceriam influência na formação da comunidade, como densidade de estocagem (espécie-alvo), tipo e quantidade de substrato, e concentração de compostos dissolvidos (fertilização da água; restos da alimentação dos animais cultivados; e excreção dos animais durante o cultivo). Dessa forma é possível controlar, até artificialmente, as espécies presentes no perifíton, e assim obter resultados mais satisfatórios no tratamento de água, bem como no uso desses organismos como alimento vivo (LU *et al.*, 2016). Sob essa mesma ótica, a composição nutricional do perifíton pode ser bem variada.

O perifíton pode ser classificado de acordo com o tipo de substrato que ele usa para se aderir (BURLIGA; SCHWARZBOLD, 2013):

♦ Epilíticos – crescem sobre substratos rochosos.
♦ Epifíticos – crescem sobre plantas.
♦ Epipélicos – crescem sobre sedimento fino.
♦ Epizoicos – crescem sobre animais (Figura 5.25).
♦ Episâmicos – crescem sobre substrato arenoso.
♦ Epidêndricas ou epidentríticas – crescem sobre madeira.

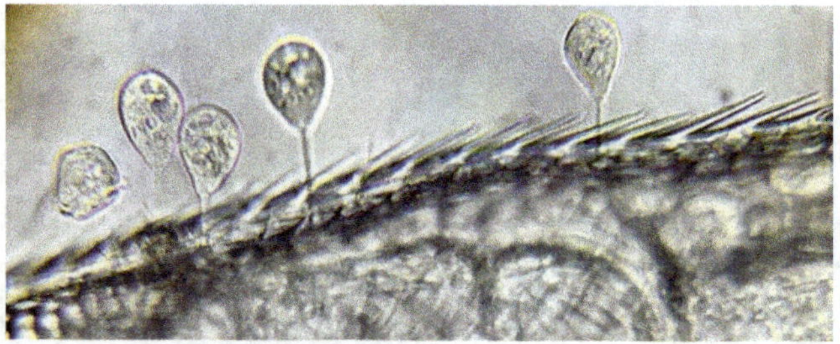

Figura 5.25 Protozoários: exemplos de organismos epizoicos aderidos à região dorsal da carapaça de um cladócero. *Fonte*: Autor.

As atividades da aquicultura que utilizam o perifíton são conhecidas como *substrate-based* ou *periphyton-based aquaculture* (LEVY *et al.*, 2017). Os organismos do perifíton podem ser utilizados em duas importantes estratégias. A primeira delas seria sua aplicação no tratamento de água e efluentes; a segunda é como alimento de algumas espécies (Figura

5.26). As duas estratégias podem ocorrer de modo concomitante e, dessa forma, ainda melhoram o ambiente de cultivo das espécies-alvo.

Figura 5.26 Camarões ornamentais da espécie *Neocaridina davidi* se alimentando do perifíton aderido ao vidro do aquário. *Fonte*: Autor

Na aplicação somente da primeira estratégia, as estruturas para o crescimento dos organismos são separadas do ambiente de cultivo principal, logo estes teriam apenas a função de biofiltro. Na aplicação da segunda estratégia, o biofilme é incentivado a crescer em estruturas ou substratos artificiais, dentro do ambiente de cultivo, e, dessa forma, melhoram os parâmetros de qualidade de água e zootécnicos.

Os substratos verticais para fixação do perifíton podem ainda estar dispostos em outro ambiente e ser transportados para os cultivos das espécies-alvo somente durante a alimentação ou para estruturas de tratamento de efluentes como biofiltros.

Quando os substratos com perifíton são adicionados aos ambientes de cultivo, forma-se a *alça perifítica* ou o *loop do perifíton* (Figura 5.27). Com a presença da alça perifítica, a eficiência da ciclagem de nutrientes tende a aumentar, uma vez que, anteriormente à entrada do perifíton, havia somente a comunidade planctônica (bactérias e fitoplâncton) atuando na assimilação dos compostos dissolvidos, e o *loop* atua melhorando a qualidade da água. Dado o desenvolvimento da comunidade perifítica, esta pode assumir relevância maior que o fitoplâncton.

Garcia *et al.* (2016) avaliaram o uso de substratos verticais para incentivar a produção de perifíton em cultivos de tilápia em tanques-rede, comprovando que, na densidade de estocagem de 52 kg.m^3 de peixes, há excelente relação com o perifíton e, dessa forma, o desempenho dos animais fica 20% melhor que nos tratamentos-controle.

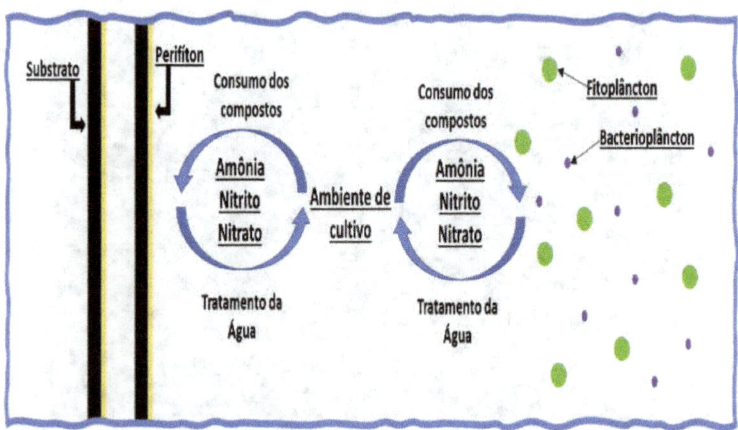

Figura 5.27   Adição do perifíton e surgimento da alça perifítica, aumentando a assimilação de compostos dissolvidos e melhorando a qualidade da água de cultivo. *Fonte*: Autor.

Referências

AFFANDI, I. *et al.* Growth and survival of enriched free-living nematode, *Panagrellus redivivus* as exogenous feeding for larvae of blue swimming crab, *Portunus pelagicus*. **Aquaculture Reports**, v. 15, p. 6-11, 2019.

AVNIMELECH, Y. Biofloc technology – a practical guide book. **The World Aquaculture Society.** 2 ed. 2012. 272 p.

BIEDENBACH, J. M. *et al.* Use of the nematode *Panagrellus redivivus* as an artemia replacement in a larval penaeid diet. **Journal of the World Aquaculture Society**, v. 20, n. 2, p. 61-71, 1989.

BURLIGA, A. L.; SCHWARZBOLD, A. Perifíton: diversidade taxonômica e morfológica. *In:* SCHWARZBOLD, A.; BURLIGA, A. L.; TORGAN, L. C. (Org). **Ecologia do perifíton**. RiMa Editora, 2013.

BRÜGGEMANN, J. Nematodes as live food in larviculture – a review. **Journal of the World Aquaculture Society**, v. 43, n. 6, p. 739-763, 2012.

CAMPELO, D. A. V. *et al.* Utilização de diferentes alimentos na larvicultura do peixe ornamental amazônico Acará Severo. **Brazilian Journal of Development**, v. 6, n. 3, p. 14035-14049, 2020.

CASTIGLIONI, D.; BOND-BUCKUP, G. Egg production of two sympatric species of *Hyalella* Smith, 1874 (Crustacea, Amphipoda, Dogielinotidae) in aquaculture ponds in southern Brazil. **Journal of Natural History**, v. 43, n. 21-22, p. 1273-1289, 2009.

CONCEIÇÃO, L. E. C. *et al.* Live feeds for early stages of fish rearing. **Aquaculture Research**, v. 41, n. 5, p. 613-640, 2010.

COURTNEY, G. W.; CRANSTON, P. S. Order Diptera. *In:* THORP, J. H; ROGERS, D. C (Orgs.). **Ecology and general biology: thorp and covich's freshwater invertebrates**. 4 ed. Elsevier, 2015.

DAY, J. G.; ACHILLES-DAY, U.; BROWN, S.; WARREN, A. Cultivation of algae and protozoan. *In*: HURST, C. J.; CRAWFORD, R. L.; GARLAND, J. L.; LIPSON, D. A.; MILLS, A. L.; STETZENBACH, L. D (Orgs.). **Manual of enviromental microbiology**. 3 ed. ASM Press, 2007.

COUTO, M. V. S. *et al.* Effects of live feed containing *Panagrellus redivivus* and water depth on growth of *Betta splendens* larvae. **Aquaculture Research**, v. 49, n. 8, p. 2671-2675, 2018.

DELBARE, D.; DHERT, P. Cladocerans, Nematodes and Trochophora larvae *In*: LAVENS, P; SORGELOOS, P. (Eds.). **Manual on the production and use of live food for aquaculture**. FAO Fisheries Technical Paper, 1996. n. 361. 295p.

ELISSEN, H. J. H. *et al.* Worm-it: converting organic wastes into sustainable fish feed by using aquatic worms. **Journal of Insects as Food and Feed**, v. 1, n. 1, p. 67-74, 2015.

EMERENCIANO, M.; GAXIOLA, G.; CUZON, G. Biofloc Technology (BFT): A review for aquaculture application and animal food industry. *In*: MATOVIC, M. D. (Ed.). **Biomass now: cultivation and utilization**. IntechOpen, 2013. p. 301-328,

ERSÉUS, C. *et al.* The popular model annelid *Enchytraeus albidus* is only one species in a complex of seashore white worms (Clitellata, Enchytraeidae). **Organisms Diversity and Evolution**, v. 19, n. 2, p. 105-133, 2019.

FAIRCHILD, E. A.; BERGMAN, A. M.; TRUSHENSKI, J. T. Production and nutritional composition of white worms *Enchytraeus albidus* fed different low-cost feeds. **Aquaculture**, v. 481, n. p. 16-24, Aug. 2017. Disponível em: <http://dx.doi.org/10.1016/j.aquaculture.2017.08.019>. Acesso em: 20 de novembro de 2020.

FOCKEN, U. *et al. Panagrellus redivivus* mass produced on solid media as live food for *Litopenaeus vannamei* larvae. **Aquaculture Research**, v. 37, n. 14, p. 1429-1436, 2006.

GARCIA, F. *et al.* The potential of periphyton-based cage culture of Nile tilapia in a Brazilian reservoir. **Aquaculture**, v. 464, p. 229-235, 2016. Disponível em: <http://dx.doi.org/10.1016/j.aquaculture.2016.06.031>. Acesso em: 20 de novembro de 2020.

GUERRA-GARCÍA, J. M. *et al.* Towards integrated multi-trophic aquaculture: Lessons from caprellids (Crustacea: Amphipoda). **PLoS ONE**, v. 11, n. 4, p. 1-26, 2016.

GONÇALVES, L. U. *et al.* Ostracoda impairs growth and survival of *Arapaima gigas* larvae. **Aquaculture**, v. 505, p. 344-350, 2019. Disponível em: <https://doi.org/10.1016/j.aquaculture.2019.02.012>. Acesso em: 20 de novembro de 2020.

GULLAN, P. J.; CRANSTON, P. S. **The insects: an outline of entomology**. 5 ed. Willey Blackwell, 2014. 634 p.

HARGREAVES, J. A. Biofloc production systems for aquaculture southern regional aquaculture center. **SRAC Publication**, n. 4503, p. 1-12, 2013.

Disponível em: <https://pdfs.semanticscholar.org/50cf/d789fdf52ac508531d36 5e4511cd889eddb3.pdf>. Acesso em: 20 de novembro de 2020.

HOLMES, J. A.; CHIVAS, A. R. **The Ostracoda applications in quaternary research**. 1. ed. AGU Books, 2002. 314 p.

HOLMSTRUP, M.; HOVVANG, M. H.; SLOTSBO, S. Salinity of the growth medium is important for production potential and nutritional value of white worms (Enchytraeus albidus Henle). **Aquaculture Research**, v. 51, n. 7, p. 2885-2892, 2020.

KOBAYASHI, T.; SHIEL, R. J.; KING, A. J.; MISKIEWICZ, A. G. Freshwater zooplankton: diversity and biology. *In*: SUTHERS, I. M.; RISSIK, D. (Eds.). **Plankton: A guide to their ecology and monitoring for water quality**. 1 ed. CSIRO Publishing, 2009.

LASIER, P. J. Alternative substrates for culturing the freshwater oligochaete *Lumbriculus variegatus*. **North American Journal of Aquaculture**, v. 71, n. 1, p. 87-92, 2009.

LEVY, A. *et al*. Marine periphyton biofilters in mariculture effluents: Nutrient uptake and biomass development. **Aquaculture**, v. 473, p. 513-520, 2017.

LIETZ, D. M. Potential for aquatic oligochaetes as live food in commercial aquaculture. **Hydrobiologia**, v. 155, n. 1, p. 309-310, 1987.

LU, H. *et al*. Responses of periphyton morphology, structure, and function to extreme nutrient loading. **Environmental Pollution**, v. 214, p. 878-884, 2016. Disponível em: <http://dx.doi.org/10.1016/j.envpol.2016.03.069>. Acesso em: 20 de novembro de 2020.

MARCHESE, M. R. *et al*. First record of introduced species *Lumbriculus variegatus* Müller, 1774 (Lumbriculidae, Clitellata) in Brazil. **BioInvasions Records**, v. 4, n. 2, p. 81-85, 2015.

MARDIGAN, M. T.; MARTINKO, J. M.; PARKER, J. **Microbiologia de Brock**. 10. ed. Prentice Hall, 2004.

MARTÍNEZ-CÓRDOVA, L. R. *et al*. Microbial-based systems for aquaculture of fish and shrimp: an updated review. **Reviews in Aquaculture**, v. 7, p. 131-148, 2015.

MEMIS, D.; ÇELIKKALE, M. S.; ERCAN, E. The effect of different diets on the white worm (*Enchytraeus albidus* Henle, 1837) reproduction.**Turkish Journal of Fisheries and Aquatic Science**, v. 4, p. 05-07, 2004.

MITCHELL, S. A. A technique for the intensive culture of *Paramecium* (group *caudatum*; Parameciidae) as a first food for ornamental fish fry. **Aquaculture**, v. 95, n. 1-2, p. 189-192, 1991.

PIERI, V.; VANDEKERKHOVE, J.; GOI, D. Ostracoda (Crustacea) as indicators for surface water quality: A case study from the Ledra River basin (NE Italy). **Hydrobiologia**, v. 688, n. 1, p. 25-35, 2012.

SAMOCHA, T.; LEWINSOHN, C. **Aquaculture**, v. 10, p. 291-292, 1977.

SANTIAGO, C. B. *et al*. Response of bighead carp Aristichthys nobilis and Asian catfish Clarias macrocephalus larvae to free-living nematode Panagrellus redivivus as alternative feed. **Journal of Applied Ichthyology**, v. 19, n. 4, p. 239-243, 2003.

SCHLECHTRIEM, C. *et al.* Mass produced nematodes *Panagrellus redivivus* as live food for rearing carp larvae: Preliminary results. **Aquaculture Research**, v. 35, n. 6, p. 547-551, 2004.

SMITH, A. J., *et al.* Class Ostracoda. *In:* THORP, J. H; ROGERS, D. C (Org.). **Ecology and general biology: thorp and covich's freshwater invertebrates**. 4 ed. Elsevier, 2015.

SULISTIYARTO, B.; SUSILA, N. Techniques for bloodworm (Chironomid larvae: Diptera) mass culture in tarpaulin tanks. **AACL Bioflux**, v. 13, n. 3, p. 1229-1234, 2020.

TIMM, T.; MARTIN, P. J. Clitellata: Oligochaeta. *In:* THORP, J. H; ROGERS, D. C. (Orgs.). **Ecology and general biology: thorp and covich's freshwater invertebrates**. 4 ed. Elsevier, 2015.

UDDIN, M. S. *et al.* **Periphyton-based tilápia-prawn polyculture**. Global Aquaculture Advocate. 2007. 8 p.

VAN DAM, A. A. *et al.* The potential of fish production based on periphyton. **Reviews in Fish Biology and Fisheries**, v. 12, n. 1, p. 1-31, 2002.

WALSH, M. L. White Worms Enchytraeus albidus as a Live Feed and in Formulated Aquafeeds. **World Aquaculture Magazine** v. 43, n. 3, September, p. 44–46, 2012.

WALSH, M. L. *et al.* The effects of live and artificial diets on feeding performance of winter flounder, pseudopleuronectes americanus, in the hatchery. **Journal of the World Aquaculture Society**, v. 46, n. 1, p. 61-68, 2015.

WELLBORNG. A.; WITT, J. D. S.; COTHRAN, R. D. Class Malacostraca, Superorders Peracarida and Syncarida. *In:* THORP, J. H; ROGERS, D. C (Orgs.). **Ecology and general biology: thorp and covich's freshwater invertebrates**. 4 ed., Elsevier, 2015.

WILKENFELD, J. S.; LAWRENCE, A. L.; KUBAN, F. D. Survival, metamorphosis and growth of Penaeid shrimp larvae reared on a variety of algal and animal foods. **Journal of the World Mariculture Society**, v. 15, p. 31-49, 1984.

WILSON, C. Aspects of larval rearing. **ILAR Journal**, v. 53, n. 2, p. 169-178, 2012.

WINGENDER, J.; NEU, T. R.; FLEMING, H. What are bacterial extracellular polimeric substances? *In:* WINGENDER, J.; NEU, T. R.; FLEMING, H. (Orgs.). **Microbial extracellular polimeric substances characterization, structure and function**. Springer-Verlag, 1 ed. 1999. p. 1-19.

YU, N. *et al.* Tolerance of *Physocypria kraepelini* (Crustacean, Ostracoda) to waterborne ammonia, phosphate and pH value. **Journal of Environmental Sciences**, v. 21, n. 11, p. 1575–1580, 2009. Disponível em: <http://dx.doi.org/10.1016/S1001-0742(08)62458-4>. Acesso em: 20 de novembro de 2020.